CONGRÈS RÉGIONAL

COMPTE-RENDU

DES TRAVAUX

SOCIÉTÉ DES AGRICULTEURS DE FRANCE

CONGRÈS RÉGIONAL

TENU A ÉPERNAY

LES 5, 6 ET 7 JUIN 1884

COMPTE-RENDU

DES TRAVAUX

ÉPERNAY

IMPRIMERIE TYPOGRAPHIQUE DE L. DOUBLAT

1885

INTRODUCTION

La décision ministérielle qui fixait, après mille péripéties, Epernay pour le siège du Concours régional de 1884 était à peine publiée, que plusieurs Membres de la Société des Agriculteurs de France, fidèles aux idées de décentralisation et d'initiative dont le développement a toujours été le but de leur association, formaient le projet d'organiser, à l'occasion du Concours, un Congrès des Agriculteurs et Viticulteurs de la région.

Venus à Paris, pour la réunion des Sociétés agricoles et Comices affiliés, ils s'en ouvrirent au bureau et purent se convaincre combien demeurait vivace cette volonté exprimée jadis, en semblable circonstance, par M. Drouyn de Lhuys : « d'affirmer de plus « en plus l'esprit de libérale expansion de la Société, et de mettre « en relief encore une fois son vrai rôle, qui est de rayonner « dans les provinces. Paris n'est pour elle qu'un domicile d'em- « prunt. Il est bon que tout le monde sache que, comme un vrai « rural, elle n'y possède qu'un pied-à-terre, et que son domaine, « c'est toute la France. »

Le patronage sollicité fut donc avec empressement promis et, forts de tels encouragements, il ne resta plus aux promoteurs du Congrès qu'à rechercher les moyens d'exécution.

L'article IV de ses statuts et le décret qui la reconnaît comme établissement d'utilité publique, donnent à la Société des Agriculteurs de France le droit incontestable de tenir des Congrès régionaux ; mais l'attitude, manifestement hostile, et bien connue de l'Administration départementale, fermait la porte à tout espoir d'entente bienveillante de ce côté et commandait la plus stricte prudence. Il fut donc entendu que MM. les Présidents du Comice agricole d'Epernay, de la Société d'horticulture et de l'Exposition viticole, présidents chacun des Commissions et organisateurs nécessaires du Concours régional, prendraient l'initiative du Congrès auprès des autres Sociétés de la région. Le Congrès, ne pouvant être public, trouvait ainsi dans les Membres des Comices affiliés et personnellement invités le nombre d'adhérents nécessaire pour laisser espérer qu'un effet utile ressortirait de ses réunions.

M. Mérendel, Président du Comice d'Epernay et de la Commission d'organisation du Concours régional ; M. Gaston Chandon de Briailles, Président de la Société d'horticulture, 1er Vice-Président du Comice d'Epernay, Président de l'Exposition viticole, invitèrent tous les Présidents de Comices de la Marne à une réunion préparatoire dont il a été dressé le procès-verbal suivant :

CONGRÈS AGRICOLE ET VITICOLE D'ÉPERNAY

A l'instigation des Présidents du Comice agricole, de la Société d'horticulture et de la Commission de l'Exposition viticole et vinicole d'Epernay, toutes les associations agricoles de la Marne avaient été conviées, dans la personne de leurs Présidents respectifs, à se joindre à eux pour organiser un Congrès agricole et viticole pour la région, qui serait ouvert lors du Concours régional agricole, tenu à Epernay, du 31 mai au 9 juin de cette année.

La réunion a eu lieu à l'Hôtel-de-Ville, le 8 mars 1884.

Etaient présents :

MM. Ch. Gerard, maire de la ville d'Epernay ; — Mérendel, Président du Comice d'Epernay, Président de la Commission d'organisation du Concours régional ; — Gaston Chandon, Président de la Société d'horticulture, 1er Vice-Président du Comice, Président de la Commission de l'Exposition viticole et vinicole d'Epernay ; — le marquis de Montmort, Vice-Président du Comice d'Epernay ; — G. Vimont, Vice-Président de section à la Société des Agriculteurs de France ; — Loche, Secrétaire du Comice d'Epernay ; — L. Vasseur, Vice-Secrétaire du Comice d'Epernay ; Bournon, Archiviste du Comice d'Epernay ; — Robinet, Président de la rédaction du *Bulletin* du Comice d'Epernay ; — Ponsard, Président du Comice central de Châlons ; — Lequeux, Secrétaire du Comice central de Châlons ; — Aumignon, Vice-Président du Comice de Châlons ; — Lhotelain, Président du Comice de Reims ; — Docteur Nidart, Président du Comice de Sainte-Ménehould ; — Chapelle, Vice-Président du Comice de Sézanne ; — Le Dieu-de-Ville, Secrétaire du Comice de Sézanne ; — Châtelain, du Comice de Vitry-le-François ; — A. Roger, Vice-Président de la Commission scolaire ; — R. Bonnedame, Secrétaire de la Commission de l'Exposition viticole et vinicole ; — Mousseaux fils, du Comice d'Epernay.

MM. les Présidents du Comice d'Epernay et de la Commission de l'Exposition viticole et vinicole prient M. Ponsard, Président du Comice central, de vouloir bien se joindre à eux pour présider la réunion. M. le Président de la Commission viticole et vinicole veut bien, pour cette séance, prendre les notes nécessaires à la rédaction du procès-verbal.

M. Mérondet, président du Comice d'Epernay, expose en quelques mots l'objet de la réunion, qui a pour but de profiter du Concours régional et de l'Exposition viticole et vinicole, pour ouvrir un Congrès régional sous les auspices et la présidence de la Société des Agriculteurs de France, dans le sein duquel on éléverait, discuterait une ou plusieurs questions agricoles et viticoles.

En outre de cette question du Congrès, l'ordre du jour en comporte deux autres : la réduction du prix des places de chemins de fer pour les Membres des Sociétés agricoles et la réduction des prix d'entrée au Concours régional pour les Membres des Comices et Associations agricoles et viticoles de la région.

Sur la proposition du Docteur Nidart, l'ordre du jour est interverti et la parole est donnée à M. Mérondet, sur la réduction du prix des places de chemins de fer à accorder aux Membres des Comices.

M. le Président expose qu'il a eu une entrevue avec M. l'Inspecteur de la ligne de l'Est, qui s'est montré très favorable à la formation de trains supplémentaires aux heures qui paraîtront le mieux convenir aux organisateurs du Concours régional, mais qu'il ne s'engageait à aucune réduction sur le prix des places.

M. le Maire ajoute qu'ayant posé la question à la Compagnie, la même réponse négative lui a été rendue.

M. Ponsard développe cette pensée que si les billets d'aller et retour pouvaient être rendus valables pour quatre jours francs, on donnerait satisfaction à un grand nombre de cultivateurs.

M. Gerard se joint à M. Ponsard et pense qu'un vœu dans ce sens serait certainement bien accueilli de la Compagnie.

M. Vimont fait connaitre que la réduction demandée est toujours accordée lorsqu'il s'agit de Membres d'un Congrès. Plus ces Membres sont nombreux, plus la Compagnie des Chemins de fer a alors d'avantages à faire des concessions.

A la suite de ces observations, l'assemblée décide que tous les Membres des Comices de la région seront délégués de droit au Congrès. M. le Président du Comice d'Epernay est prié de faire, près la Compagnie de l'Est, les démarches nécessaires pour obtenir la réduction du prix des places en faveur des Membres du Congrès.

MM. Lhotelain, Le Dieu-de-Ville, Vimont, Mérendet, etc., prennent successivement la parole sur la façon la plus pratique de mettre en œuvre cette décision. L'assemblée se rallie à la proposition de M. Lequeux, ainsi formulée :

1° Par les soins des Présidents organisateurs, des imprimés, semblables dans leur rédaction à ceux récemment mis en œuvre par la Société des Agriculteurs de France, seront envoyés à chaque Président de Comice de la région, sur leur demande.

2° Les Comices de la région, situés en dehors du département de la Marne, ne recevront que la quantité d'imprimés correspondante au nombre d'adhésions transmises par leurs Présidents respectifs à M. le Président du Comice d'Epernay.

3° Les Comices de la Marne, qui en feront la demande, recevront autant d'imprimés qu'ils comptent de Membres participants, que ces derniers adhèrent ou non à l'avantage qui leur est offert.

Cette décision entrainant dans son application des frais divers, l'assemblée, après avoir entendu les observations de MM. Mérendet, Lhotelain, Nidart, Lequeux, etc., prend la résolution suivante :

Les frais concernant les imprimés, circulaires, lettres relatives à l'organisation du Congrès, seront supportés également par les sept sociétés présentes, qui sont : le Comice central de Châlons, le Comice d'Epernay, le Comice de Reims, le Comice de Sainte-Ménehould, le Comice de Sézanne, le Comice de Vitry-le-François, la Société d'horticulture d'Epernay.

M. Mérendet, traitant alors la question des entrées au Concours, demande à M. le Maire quelles sont les dispositions arrêtées à cet égard. M. le Maire fait observer que les entrées au Concours sont du ressort exclusif de M. le Commissaire du Gouvernement et qu'il n'y a encore rien de fixé à ce sujet, mais qu'il est tout disposé à présenter les vœux qui lui seront adressés en vue d'obtenir des prix d'entrée réduits pour MM. les Présidents de Comices.

L'assemblée émet alors le vœu que des cartes d'abonnements à prix réduits soient accordées aux personnes faisant partie de Comices agricoles et de Sociétés d'horticulture et prie M. le Maire de vouloir bien transmettre ce vœu à M. l'Inspecteur d'agriculture chargé du Concours régional d'Epernay.

Sur l'observation de M. Le Dieu-de-Ville, qui demande à ce que les bureaux des Comices soient favorisés, si on ne peut obtenir la réduction pour tous les Membres indistinctement, M. le Maire répond qu'il sera tenu compte du vœu exprimé par l'honorable préopinant.

L'assemblée procède ensuite à la confection du programme du futur Congrès.

Le Congrès prendra le titre de Congrès agricole et viticole de la région Est, et sera placé sous le patronage et la présidence de la Société des Agriculteurs de France, à laquelle sont affiliées les sociétés présentes.

M. le Président du Comice d'Epernay, de concert avec ses collègues, MM. les Présidents du Comice central et de la Société d'horticulture d'Epernay, est prié de vouloir bien s'entendre pour cet objet avec le bureau de la Société des Agriculteurs.

Après une discussion, à laquelle prennent part MM. Ponsart, Lhotelain, Gaston Chandon, Mérendet, etc., le programme du Congrès est arrêté ainsi qu'il suit :

Quatre questions, dont deux concernant l'agriculture et deux la viticulture, seront mises à l'ordre du jour.

Ces questions seront :

1° Le blé, sa culture, son prix de revient dans la région ;

2° Des prairies temporaires ;

3° De l'influence des fumures sur la vigne et ses produits ;

4° Du vinage et du sucrage des vins.

M. Mérendet, faisant observer que la Commission de météréologie fait connaître son intention de profiter de la réunion d'un Congrès pour établir une conférence, les jours de discussion sont ainsi fixés :

Mercredi 4 juin, à 9 heures du matin, organisation du Congrès ; à 2 heures de l'après-midi, météréologie.

Jeudi 5 juin, à 9 heures du matin, le Congrès traitera du blé, sa culture, son prix de revient dans la région ; à 2 heures de l'après-midi, de l'influence des fumures sur la vigne et ses produits.

Vendredi 6 juin, à 9 heures du matin, du vinage et du sucrage dans les vins ; à 2 heures de l'après-midi, réunion des délégués de Comices et de la Société des Agriculteurs de France.

Samedi 7 juin, à 9 heures du matin, des prairies temporaires ; à 2 heures de l'après-midi, vote sans discussion de tous les vœux qui pourraient être formulés par les Comices de la région. — De la représentation agricole.

L'ordre du jour étant épuisé, la séance est levée à quatre heures et demie.

MÉRENDET,
Président du Comice agricole d'Épernay,
Président de la Commission d'organisation du Concours régional.

PONSARD,
Président du Comice agricole central de la Marne,
Ancien Député, Conseiller général.

Gaston CHANDON DE BRIAILLES,
Président de la Société d'horticulture d'Epernay, Président de la Commission de l'Exposition viticole et vinicole, 1er Vice-Président du Comice d'Epernay, Conseiller général.

Les démarches entreprises par M. Mérendet, Président du Comice d'Epernay, eurent un plein succès auprès de la Compagnie des Chemins de fer de l'Est. M. le Directeur général consentit, avec la plus grande bienveillance, à une réduction de 50 0/0 sur le prix des places pour les Membres du Congrès. Ceux-ci payant place entière au départ avaient le retour gratuit, sous la condition de présenter à la gare de départ et au retour une feuille d'un modèle spécial, visée dans les gares et contresignée par M. Mérendet. Cette feuille contenait pour chaque Membre une invitation nominative.

MM. les Présidents des Comices de la région furent chargés de recevoir les demandes de leurs collègues et toutes les feuilles nécessaires furent mises à leur disposition.

Plus de 700 demandes furent faites par les adhérents au Congrès. Chacun d'eux reçut en outre une carte d'entrée portant le programme des séances et tous les renseignements utiles sur sa tenue.

L'organisation du Congrès étant ainsi assurée, une démarche officielle fut faite, auprès de la Société des Agriculteurs de France, pour la prier de nommer la délégation chargée de la représenter et de présider les débats.

M. le marquis de Dampierre. Président de la Société, avait déjà répondu avec empressement à la demande que lui avait adressée M. Mérendet, et le Conseil, répondant à l'appel qui lui était fait par M. Vimont, désignait le 29 mai, pour le représenter, une délégation ainsi composée :

MM. Tessonnières, *Secrétaire général*; F. Jacquemart, E. de Monicault, *Vice-Présidents*; Th. de Felcourt, J. de Felcourt, Deusy, Marc Dehaut, marquis de Barbentane, comte de Moustier, comte de Salis, H. Murel, V. Pulliat.

Les agriculteurs de la Marne se faisaient une fête de recevoir cette délégation de la Société ; malheureusement, pour des causes diverses, ses Membres ne purent remplir la mission qui leur avait été confiée. MM. de Monicault et comte de Salis s'excusèrent par lettre, exprimant tous leurs regrets ; M. V. Pulliat fut retenu à Paris par ses fonctions à l'Institut national agronomique.

M. Tessonnière, Secrétaire général, s'arrachant à ses nombreuses occupations, voulut bien venir témoigner un jour, par sa présence, de l'intérêt que la Société portait au Congrès dont elle avait accepté le patronage et que, pour des causes imprévues, elle semblait abandonner. MM. L. Johanet, Ameline de la Briselaine, de la Vallette, membres du Conseil, avaient tenu à faire la même preuve.

La presse locale avait été invitée, et MM. Louis Hervé, de la Vallette, Henri Sagnier, représentaient au Congrès les grands journaux agricoles de Paris.

Au dernier moment, deux modifications durent être apportées au programme précédemment adopté.

M. le Préfet de la Marne ayant refusé pour la Commission de météréologie, dont il est le Président d'honneur, la médaille que la Société des Agriculteurs avait offerte, la séance de météréologie. demandée par les Membres mêmes de la Commission, a été supprimée, pour ne point nuire à une institution que l'on voulait encourager ; et l'ouverture du Congrès, que l'on avait mise pour cela au mercredi 4, fut reportée au jeudi 5.

En revanche, il a fallu trouver une heure pour la distribution solennelle des récompenses. Rompant avec toutes les traditions, M. le Préfet de la Marne refusait à la Société des Agriculteurs la place qui lui est due et que l'Administration lui a bien rarement contestée.

Voici la lettre d'avis émanant de la Sous-Préfecture d'Epernay :

> *« Monsieur Chandon, Membre de la Société des Agriculteurs de France,*
>
> Épernay, le 5 juin 1884.

« Monsieur,

« Je reçois à l'instant de Monsieur le Préfet une lettre par laquelle ce magistrat me prie de vous faire connaître qu'il regrette de ne pouvoir donner satisfaction, à la demande que vous lui avez adressée hier, de concert avec MM. Vimont et Mérendet, relativement aux récompenses à distribuer par la Société des Agriculteurs de France. M. le Préfet a, en effet, décidé, et en a informé M. Menault, Commissaire général du Concours régional, qu'à la séance solennelle de distribution des récompenses seraient seuls lus les rapports et décernés les prix à la disposition des divers jurys officiels.

« M. le Préfet estime qu'il faut conserver à cette cérémonie, présidée par M. le Ministre de l'Agriculture, son caractère absolument officiel.

« Veuillez faire part de cette décision à MM. Vimont et Mérendet, et agréer, Monsieur, l'assurance de ma considération très distinguée.

« *Le Sous-Préfet,* BILLOUT. »

Cela était prévu. Nous n'avons pas à parler ici de ce Concours régional d'Epernay, si complet, si brillant, de l'avis de tous, si réussi ; mais son histoire, si elle était à faire, serait celle des luttes de l'initiative locale contre l'administration départementale.

Alors que Comices agricoles, Société d'horticulture, Conseil municipal, se dévouaient à l'envi pour répondre dignement à la confiance que le Ministre de l'Agriculture leur avait témoignée en leur accordant ce Concours si disputé, M. le Préfet de la Marne arrêtait tout élan, toute préparation, sous les prétextes d'un formalisme puéril ; il remaniait les programmes, nommait ses jurys en des conditions d'insuffisance notoire, contrairement à toutes les propositions, sans qu'aucun motif pût même être énoncé, autre que son bon plaisir.

On a vu, en effet, sous le prétexte qu'une signature n'avait pas été demandée, arrêter les travaux de l'Exposition, déjà fort avancés, sans souci des graves intérêts engagés ; et il a fallu des prodiges d'activité pour que l'Exposition viticole pût ouvrir ses portes à l'époque précédemment fixée.

On a vu la viticulture bannie de cette exposition viticole ; et si elle y est rentrée, après de longs débats, grâce, sans doute, à une puissante intervention, elle l'a fait en des conditions si amoindries, que son absence eût été peut-être préférable !

Les récompenses qu'on lui offrait si nombreuses ont été arbitrairement et parcimonieusement mesurées ; elle n'a pu, enfin, figurer à la distribution solennelle présidée par M. le Ministre, parce que ses jurys imposés, nommés de la veille, n'avaient pu fonctionner.

Les engrais ont été supprimés du programme : qu'avaient-ils fait ? comme les récompenses aux plus anciens et meilleurs ouvriers ?

Ceci peut paraître invraisemblable ! C'est fort triste, mais ce qui ne l'est pas moins, c'est de voir M. le Ministre de l'agriculture, de qui bien naturellement on se réclame, répondre la mort dans l'âme, on n'en saurait douter, mais enfin répondre que le Préfet ayant décidé, il ne peut rien pour nos bons ouvriers !

Le peuple, autrefois, souffrant une injustice, se consolait en disant : Si le roi le savait ! Cette consolation nous manque, puisque ceux qui administrent et détiennent son pouvoir, savent et se montrent impuissants !

On se demande, dès lors, si le silence, ce silence qui était la leçon des rois, est encore de mise, en face de certains actes ; si l'attente patiente en un retour de justice, peut encore se voir justifiée ; si, au contraire, il ne serait pas temps de réclamer sagement, mais avec fermeté et constance, non seulement le respect des droits, mais les égards que des administrateurs, quels qu'ils soient, doivent à leurs administrés, à l'industrie vraiment nationale, celle du plus grand nombre, aux Sociétés qui ont un mandat public pour les représenter.

Les idées, que nous nous bornons à indiquer ici, ne sont point des idées purement personnelles ! Nous les avons souvent entendu émettre, elles sont dans l'air, et c'est pour cela que nous les consignons ici.

Elles se sont d'ailleurs fait jour, avec une grande énergie, dans une séance tenue le samedi 7 juin, en dehors du Congrès qui avait prêté sa salle de réunion, séance dans laquelle, après un échange d'observations tendant à bien définir l'action tentée, les bases d'une ligue du Nord-Est, pour la défense des intérêts agricoles, ont été arrêtées et votées à la presque unanimité par une assemblée fort nombreuse.

Cette fois, encore, la Société des Agriculteurs de France a voulu continuer ses anciennes traditions de bienveillance inépuisable. Au moment de procéder à la discussion du mérite des divers candidats proposés à ses récompenses, elle voyait envahir la salle des séances par M. le Commissaire général et les représentants des diverses sociétés agricoles de la région qui, ayant trouvé le lieu désigné pour leur réunion officielle occupé par trois chanteuses répétant l'opérette du soir, avaient dû battre en retraite.

M. le Président de Felcourt, se faisant l'interprète du Congrès, levait la séance, la remettait à deux heures plus tard, et laissait le fauteuil à M. Menault, le Commissaire général, qui put ainsi remplir son programme.

M. le Commissaire général, M. le Maire d'Epernay, ont d'ailleurs fait preuve de la plus grande courtoisie. Invités au Congrès et au banquet, ils n'ont pu s'y rendre, mais ont bien voulu exprimer leurs regrets.

Le Congrès s'est enfin terminé le samedi par un banquet de 120 couverts, où la plus franche cordialité n'a cessé de régner. Peut-être n'a-t-il pas donné tous les fruits qu'il promettait et aurait pu rendre. Des 700 souscripteurs de la première heure, beaucoup n'ont fait que de courtes apparitions. Le programme ne comportait qu'un petit nombre de questions et cependant les séances laborieuses n'ont pu les épuiser. Les remerciements bien vifs de tous, sont acquis à MM. Gatellier, Paul Genay, Robinet, Marcel Dupont, qui avaient bien voulu se charger de traiter les questions et d'ouvrir ainsi le champ de la discussion.

Il nous reste à rapporter, le plus fidèlement possible, leurs intéressantes communications.

A côté de bien des motifs de craindre, on en trouvera d'espérer. Pour dissiper les uns, hâter l'accomplissement des autres, l'agriculture ne voudra pas s'abandonner : Plus que jamais elle ne doit compter que sur elle ; et qu'elle agisse directement ou commande ses mandataires, elle n'aura qu'une maxime, le *fara da se* des Italiens : Faire soi-même.

SÉANCE D'OUVERTURE

Le jeudi 5 juin, à 9 heures du matin, conformément au programme, une réunion assez nombreuse se pressait dans la belle salle de la Société d'horticulture, que le Président, M. Gaston Chandon de Briailles, avait gracieusement mise à la disposition du Congrès.

MM. Mérendet, Président du Comice d'Epernay, et Gaston Chandon de Briailles, Président de la Société d'horticulture, organisateurs du Concours et du Congrès, Vimont, Vice-Président de la section de viticulture de la Société des Agriculteurs, chargé par elle d'organiser la délégation, dont le Congrès va tenir lieu, prennent place au bureau.

M. Mérendet, prenant la parole, s'exprime ainsi :

« Messieurs,

« Avant de remettre la présidence au représentant autorisé du bureau de la Société des Agriculteurs de France, qu'il me soit permis de vous souhaiter la bienvenue au nom des sept Comices de la Marne et de la Société d'horticulture d'Epernay, qui ont l'honneur de vous recevoir dans cette enceinte.

« Le Congrès agricole et viticole, auquel nous vous avons conviés, s'ouvre sous les plus brillants auspices. Plus de 800 adhésions nous sont parvenues de tous les points de la région et nous ont prouvé que, dans notre contrée, on attache une grande importance à la discussion du programme que nous avons soumis d'avance à votre examen et à votre étude.

« Nous sommes convaincus que les résolutions prises par une

réunion composée d'hommes aussi habiles et expérimentés, ne peuvent manquer d'être entendues et de donner les résultats les plus heureux.

« J'ai malheureusement, messieurs, une mauvaise nouvelle à vous annoncer. M. le marquis de Dampierre, Président de la Société des Agriculteurs de France, qui avait accepté la présidence de cette réunion, s'est trouvé empêché au dernier moment. Voici la lettre qu'il m'a fait l'honneur de m'écrire :

« Paris, le 4 mai 1884.

« Monsieur le Président et très honoré Collègue,

« Je ne me serais pas contenté de vous faire assurer que la Société des Agriculteurs de France répondrait de son mieux à votre désir de mettre sous son patronage le Congrès agricole et viticole que vous avez organisé à Epernay, pendant la tenue du Concours régional ; j'aurais déjà répondu personnellement à votre lettre, si les circonstances me l'avaient permis. J'ai été trop touché de vos gracieuses instances pour que j'allasse en personne à Epernay, pour qu'il en pût être autrement.

« J'avais prévu, malheureusement, dès le premier jour, l'impossibilité où je serais de répondre à votre appel ; mais je n'ai voulu vous écrire qu'après avoir eu la certitude de cette impossibilité qui m'est fort pénible. De graves intérêts de la Société m'appellent à Bordeaux au moment de son Concours régional, à la fin de mai, il ne s'agit de rien moins que d'obtenir à ce moment la délivrance sans cesse retardée d'un legs de plus de 160.000 fr. ; aucun de nos intermédiaires n'a abouti, on m'a fait sentir la nécessité d'aller faire la réclamation moi-même à un Conseil municipal qui menace de devenir de plus en plus réfractaire à nos justes prétentions, je ne pouvais plus hésiter.

« Un de nos vice-présidents me remplacera. Vous aurez, dans la mesure où vous croirez prudent de l'employer, le concours dévoué de notre excellent Vice-Président de la section de viticulture, M. Vimont, et nous mettrons à votre disposition autant de récompenses qu'il vous paraîtra nécessaire.

« Recevez, Monsieur le Président et très honoré Collègue, l'assurance de mes sentiments distingués.

« H. DE DAMPIERRE. »

« M. le marquis de Dampierre, en même temps qu'il nous exprimait ses regrets, désignait pour le remplacer, M. Jacquemart, 1er Vice-Président de la Société.

« Nous l'attendions hier soir et ce matin encore, lorsque nous parvient, en réponse à un télégramme que lui avait adressé M. Vimont, la lettre suivante :

« Ce 5 juin 1884.

« Mon cher Collègue,

« Au moment où je recevais, hier, à Paris, votre dépêche m'invitant à me rendre à Epernay aujourd'hui, j'en recevais une autre, m'annonçant que la Commission du budget venait de *rejeter le projet de loi sur les sucres.*

« Ce matin, j'ai dû assister à la réunion de notre Comité et visiter des Membres et le Président de la Commission parlementaire des sucres.

« En outre, nous avons été redemander aux Ministres de recevoir notre Comité aujourd'hui ou demain.

« Vous voyez, mon cher Collègue, que je suis condamné à être ici. J'eusse pourtant été très heureux d'aller vous rejoindre à Epernay.

« J'avais de bonnes choses à dire aux Champenois et encore plus à en apprendre.

« Veuillez donc, mon cher Collègue, recevoir l'expression de mes sincères regrets et l'assurance de mes sentiments distingués.

« J. JACQUEMART. »

« Dans cette circonstance, vous associerez, Messieurs, j'en suis certain, vos regrets aux nôtres. Mais ces absences imprévues ne nous laissent pas sans consolation. Je suis heureux de vous présenter notre honoré Collègue, M. Julien de Felcourt, Vice-Président de la 12e section de la Société des Agriculteurs de France et Membre de sa délégation. Sa science et son dévouement aux intérêts agricoles sont connus de tous ; il est ici le représentant autorisé de la grande Société qui a accepté le patronage de notre Congrès et je vous propose de l'acclamer pour notre Président. » *(Vive approbation.)*

M. Julien de Felcourt prend place au fauteuil et remercie en ces termes :

« Messieurs,

« Je suis profondément touché de la marque de haute confiance que vous venez de me donner en m'appelant à présider les séances du Congrès.

« Une voix plus autorisée que la mienne devait venir vous exposer la nature et le but de nos travaux ; mais notre éminent et cher Président est retenu par le Concours régional de Bordeaux ; d'autre part, nos Vice-Présidents sont appelés à déposer devant la Commission qui s'occupe de la grave question de l'impôt sur la betterave; enfin, puisque avec une modestie des plus courtoises le Président et le Vice-Président du Comice d'Epernay veulent céder le pas à leurs hôtes, force m'est donc de prendre place à ce fauteuil.

« Je n'abuserai pas de vos moments, Messieurs, pour vous parler de la crise culturale ; aucune région, hélas ! n'est plus éprouvée que celle que nous habitons, et l'Est peut être inscrit en tête du martyrologe agricole. Est-ce une raison pour nous laisser abattre? non, Messieurs, mais en mettant en première ligne à l'ordre du jour du Congrès la question du blé et de la vigne, la Société des Agriculteurs de France a voulu attirer toute votre attention, toute votre sollicitude sur les deux productions les plus importantes du sol champenois : à vous maintenant de nous apporter le résultat de vos études et de votre expérience pour nous aider à résoudre le problème dont dépend l'existence de l'agriculture dans nos contrées.

« Nous sommes tous des agriculteurs ici, Messieurs, c'est-à-dire des hommes d'action : *res, non verba*, telle doit être notre devise ! Je vous proposerai donc d'aborder immédiatement la question de la production du blé dans l'Est. »

Après ce discours vivement applaudi, M. de Felcourt invite M. Mérendet, Président du Comice d'Epernay, M. Gaston Chandon de Briailles, Président de la Société d'horticulture, organisateurs du Congrès, à vouloir bien l'assister pour mener à bien l'œuvre qu'ils ont commencée. MM. les Présidents des Comices de la Marne sont nommés Vice-Présidents du Congrès et priés de venir prendre place sur l'estrade avec les Membres du Conseil et délégués de la Société des Agriculteurs présents. M. Vimont se charge de la rédaction des séances du Congrès qui seront plus tard publiées et formeront un fascicule adressé à tous les souscripteurs.

Ces questions d'organisation ainsi réglées, M. le Président propose, suivant le programme, de mettre immédiatement à l'étude la question du blé.

M. Roberts fait observer qu'un certain nombre de collègues sont retenus au Concours par les diverses Commissions qui fonctionnent en ce moment, et propose de remettre à la réunion de deux heures l'étude d'une question aussi importante que celle du blé.

M. Gatellier, ancien élève de l'Ecole polytechnique, Ingénieur civil des Mines, Président de la Société d'agriculture de Meaux, a l'intention de prendre la parole sur cette grave question. Il est à la disposition de l'assemblée, soit immédiatement, soit à la réunion de deux heures. Il apporte des documents nouveaux qui paraîtront sans doute intéressants.

La proposition de M. Robert est appuyée par un grand nombre et la remise à la séance de deux heures décidée.

M. Mérendet, Président du Comice d'Epernay, demande la parole :

Il expose que le Comice d'Epernay, dans ses réunions du 26 avril, avait formulé des vœux qui devaient être soumis au Congrès et pourront prendre place en leur temps. Il avait en outre décidé qu'une enquête officieuse, à l'instar de celle que fait le Comice de Reims et que les énergiques revendications de M. de Saint-Vallier, sénateur, ont fait naître dans l'Aisne, serait effectuée dans la circonscription d'Epernay.

A cette occasion, des remerciements avaient été votés à l'unanimité à M. de Saint-Vallier, pour son attitude au Sénat et ses efforts en faveur de l'agriculture, et le Président avait été chargé de les lui faire agréer.

M. Mérendet dit qu'il s'est acquitté avec empressement de cette mission. Il a profité de l'occasion pour inviter M. de Saint-Vallier à venir prendre part au Congrès. Il a reçu de M. de Saint-Vallier une réponse qui intéressera l'assemblée et il propose d'en faire la lecture.

« Coucy-les-Eppes (Aisne), 24 mai 1884.

« Monsieur le Président,

« J'ai reçu la lettre que vous m'avez fait l'honneur de m'écrire le 20 de ce mois, et j'ai hâte de vous exprimer mes sentiments de reconnaissance pour l'approbation flatteuse donnée à mes discours et à mes efforts en faveur de l'agriculture par le Comice agricole d'Epernay : en vous offrant l'assurance de ma gratitude, je vous prie de bien vouloir vous en faire l'interprète auprès des Membres du Comice. Les témoignages analogues à celui que vous m'envoyez et que j'ai reçus des Comices de mon département et d'assemblées agricoles d'autres départements, même éloignés, me sont un grand encouragement dans la campagne que j'ai entreprise et que je poursuis de tous mes efforts. Je trouve dans l'appui que me donnent les représentants autorisés de l'agriculture la force et le crédit dont j'ai besoin pour chercher à éclairer les Chambres et le Gouvernement sur la véritable situation du pays, sa détresse, l'urgence d'appliquer les seuls remèdes d'où puisse sortir le salut.

« Je serais donc bien désireux de répondre, Monsieur le Président, à votre bienveillant et flatteur appel pour le 7 juin ; j'y verrais une occasion précieuse d'entrer en rapports avec vous et avec les Délégués agricoles des sept départements de la région de l'Est ; j'y puiserais des indications utiles pour poursuivre une lutte dont la résistance des libre-échangistes ne me permet malheureusement pas de regarder l'issue comme prochaine ; j'aimerais à rappeler aux Délégués de l'Est que j'espère ne pas être pour eux un inconnu et qu'après avoir cherché à atténuer de 1871 à 1873, quand M. Thiers m'avait confié cette mission, les souffrances de la région occupée par les armées allemandes, je crois poursuivre aujourd'hui le même but patriotique en m'efforçant de défendre notre pays contre la concurrence étrangère et la guerre économique qui le menacent des plus redoutables périls.

« J'accepterais à tous points de vue avec empressement votre aimable invitation si la date très prochaine du 7 juin ne me plaçait dans une situation un peu délicate dont je tiens à vous faire juge. Tant que je conserve, en effet, l'espoir d'obtenir du gouvernement une accession, même insuffisante quant au chiffre, au principe des droits protecteurs ou plutôt compensateurs que nous réclamons de lui, je me crois tenu à une extrême réserve. Nous sommes en ce moment, mes amis et moi, en pourparlers suivis avec les Ministres ; nous faisons tous nos efforts pour les amener à accepter, comme conséquence de l'enquête agricole dans l'Aisne, des vœux des Conseils généraux, des dernières et effrayantes révélations sur le danger de l'invasion des blés indiens, australiens, américains, le principe d'un droit sur le blé étranger ; nous avions il y a quelques jours l'espoir d'y réussir, et nous ne voulons pas désespérer encore de l'obtenir malgré l'annonce de mesures se réduisant à un simple relèvement des taxes sur les bestiaux et les farines, qui serait bien éloigné de nous donner satisfaction. Nous devons continuer la semaine prochaine nos démarches, et il y aurait un inconvénient sérieux, dans l'opinion de mes amis, à m'exposer, au cours de ces négociations, au soupçon et au reproche de tenter d'amener une pression en parlant dans une grande assemblée agricole aussi solennelle que celle du 7 juin à Epernay ; nos adversaires ne manqueraient pas d'exploiter mon intervention et d'en tirer parti pour chercher à indisposer le gouvernement dans un moment aussi décisif.

« Tel est le motif qui m'oblige, à mon profond regret, Monsieur le Président, à décliner à l'heure actuelle l'honneur que vous vouliez bien me faire tout en me réservant d'en profiter plus tard, dans d'autres circonstances, si l'occasion m'en est offerte. Cependant, j'ai à vous demander une faveur, celle de me permettre de vous écrire pour modifier ma réponse d'aujourd'hui si, d'ici au 7 juin, la situation des choses, les dispositions du gouvernement, les mesures qu'il adoptera, me rendant ma liberté d'action et de parole, me font regarder comme utile, comme nécessaire même, une intervention personnelle dont je viens de vous signaler les inconvénients probables à l'heure présente.

« Je ne veux pas terminer ma lettre sans vous demander, Monsieur le Président, la permission de vous offrir pour vous et pour Messieurs les Membres du Comice, à qui vous voudrez bien les faire accepter en mon nom, quelques exemplaires de mes discours au Sénat sur la question agricole et contre le renouvellement des traités de commerce. Je serais heureux que les Membres du Comice vissent dans cet envoi un témoignage de ma gratitude pour la sympathie que vous m'avez exprimée en leur nom. Si vous désirez un plus grand nombre d'exemplaires et s'il vous paraît utile d'en distribuer quelques-uns de plus, je vous prie de me l'écrire en m'indiquant combien je dois vous en envoyer ; je ne manquerais pas de satisfaire aussitôt à vos intentions.

« Agréez, je vous prie, Monsieur le Président, avec l'expression réitérée de mes remerciements, l'assurance de mes sentiments les plus distingués.

« Comte DE SAINT-VALLIER,

« Sénateur, Ancien Ambassadeur. »

La lecture de cette lettre est saluée par d'unanimes applaudissements.

Après un échange d'observations, M. Mérendet est prié de faire parvenir télégraphiquement à M. de Saint-Vallier les remerciements du Congrès pour sa courageuse intervention en faveur des intérêts agricoles et l'inviter à venir assister samedi à la séance où seront formulés les vœux du Congrès.

M. Mérendet accepte la mission qui lui est donnée et M. le Président lève la séance.

DU BLÉ

Sa culture, son prix de revient dans la région

M. Julien de Felcourt, Président, ouvre la séance à deux heures. D'après des nouvelles apportées de Paris par plusieurs de nos collègues, la Commission législative aurait repoussé les proposition de loi sur les sucres et M. le Ministre de l'agriculture, prévoyant un échec, aurait retiré son projet de loi portant une légère augmentation des tarifs de douane sur les céréales.

Ces nouvelles fâcheuses donnent un intérêt de plus à la question qui va être traitée, et il s'empresse de donner la parole à M. Gatellier, Président de la Société d'agriculture de Meaux, dont la compétence sur ces sujets est de tous bien connue.

M. Gatellier n'a pas l'intention d'étudier en son entier la question du blé inscrite à l'ordre du jour. Il y a des questions de culture qui sont essentiellement variables, locales, et qu'il laisse aux praticiens intelligents qui les ont résolues depuis longtemps. Il compte se placer à trois points de vue d'un intérêt plus général :

1° Le prix de revient : 2° la qualité ; 3° les droits de douane.

Le prix de revient peut varier beaucoup avec les rendements obtenus et les conditions spéciales de chacun. Il n'y a donc pas lieu d'entrer dans des détails qui n'ajouteraient rien à la démonstration.

Ce qui intéresse, en effet, c'est la comparaison du prix de revient auquel on peut prétendre, en de bonnes conditions, avec le prix du marché ; prix commandé par l'abondance et le prix des blés étrangers qui y sont amenés.

Depuis 1878, nous avons eu à subir une véritable inondation de blés américains. Leur concurrence pèse sur tous les marchés ; non seulement chez nous, mais dans toute l'Europe. Ils sont produits à bon marché, pour des causes diverses qu'il importait d'étudier, afin de savoir si la lutte nous serait possible. Quel est le prix de revient de nos blés, quel est le prix de revient des blés en Amérique ? Cela s'entend, bien entendu, d'un prix moyen.

Les chiffres que je vais donner au Congrès ont été mûrement pesés à la Société d'agriculture de Meaux qui, sur ma proposition, avait mis cette question à l'étude. M. Buignet, aidé d'une Commission spéciale, a établi le prix moyen d'une culture de blé dans l'arrondissement de Meaux, et nous avons emprunté à un des travaux les plus complets d'auteurs anglais, MM. Clare Read et Albert Pell, le prix du blé dans le Minetosa, d'après M. Hubbard.

Voici ces frais de culture, pour un hectare de blé :

	A Meaux	Dans le Minetosa
Location, impôt	100	22 40
Fumier, 45,000 kil. pour 3 ans ; à 11 fr. les 1,000 kil. (dont 30 0/0 pour le blé)	150	»» »»
Engrais complémentaires	80	»» »»
Labours et hersages	50	20 35
Semence	75	22 40
Ensemencement	4	3 20
Roulage de printemps	4	»» »»
Frais généraux	20	1 92
Intérêt du capital	25	»» »»
Moissonnage, liage	50	27 26
Battage	48	19 20
Rentrée en grange	18	7 68
Conduite au marché	10	5 76
Total	634	130 17
A déduire, valeur de la paille	150	»» »»
Reste	484	130 17

A ces prix l'on obtient en moyenne :

A Meaux, 24 hectol. pesant 75 kil. l'un, soit 18 quintaux.
Dans le Minetosa, 18 — — 77 — — — 10 —

Le prix de revient est donc, par quintal, à Meaux, 26 fr. 90
en Amérique, 13 fr. »»

Or, il en coûte pour amener un quintal de blé du Minetosa en France :

Transport......... 10 fr. »»
Entrée........... 0 fr. 60

Soit .... 10 fr. 60

Il en résulte donc que, pour une récolte moyenne — au-dessus cependant de la récolte ordinaire des blés français, — notre blé revient à............................. 26 fr. 90
Le blé américain, rendu en France.......... 23 fr. 60

Différence.................... 3 fr. 30 en
faveur du blé américain.

Ces chiffres sont exacts ; aucune modification sérieuse n'y saurait être apportée. Si, par exemple, nous voulons ajouter le prix de transport du Hâvre jusque chez nous, ce serait 1 fr. 50 par quintal ; mais cette différence va être bien et au-delà compensée, par la diminution du prix des transports. Les Américains se préparent à nous envoyer de la farine au lieu de blé, c'est-à-dire 70 kil. de farine au lieu de 100 kil. de blé. Ainsi le journal « le *Messager Franco-Améric* » annonçait, dans son numéro du 13 septembre 1881, que MM. Pillsbury et C° montaient à Minéapolis, dans le Minetosa, des moulins qui pourront écraser 10,000 quintaux par jour et nécessiteront quotidiennement 100 wagons pour amener le blé et 100 wagons pour enlever les farines !

Si donc nous voulons lutter à armes égales, on voit que nous avons à combler un déficit de 3 fr. 30 par quintal, ou, ce qui revient au même, diminuer les frais par hectare de 3 fr. 30 $\times$ 18 quint. == 59 fr. 40.

Le pouvons-nous ? et sur quel chapitre faire cette diminution des frais ?

Si nous ne le pouvons, il faut prendre notre parti d'une perte fatale, irrémédiable, de 3 fr. 30 par quintal !

Nous pouvons remarquer que les frais peuvent se classer ainsi :

1° Frais proportionnels à la récolte ; ex.: moissonnage, battage, rentrée, conduite au marché.

2° Frais indépendants de la récolte ou frais généraux ; ex : locations, façons, ensemencement, fumures, car leur diminution amènerait forcément une diminution de rendement.

Les frais proportionnels sont, à peu de choses près, les mêmes en Amérique qu'en France.

Les autres, au contraire, présentent de grandes différences aussi.

Les frais de culture sont moindres en Amérique, parce que les labours sont moins profonds, les chevaux moins chers d'achat et d'entretien, les semences à plus bas prix.

Le prix de location et les impôts sont aussi bien inférieurs.

Le prix de location fait en somme la valeur foncière du pays ; c'est là notre plus précieux capital et nous ne pouvons souhaiter de le voir diminuer : ce qui arriverait infailliblement si, l'industrie du sol continuant à être ruineuse, les demandes s'éloignaient et l'abandon se généralisait.

Les impôts..... mais il ne dépend pas du cultivateur de les diminuer. Les vœux, dans ce sens, ne sont guère écoutés ! Les Américains en ont moins, parce qu'ils demandent à leurs douanes ce que nous demandons, nous, à la terre. Les ressources ainsi prélevées sur la terre, par l'Etat ou les communes, s'élèvent à 15 fr. par hectare.

Enfin, si, sur aucun de ces chapitres, nous ne pouvons obtenir une diminution de quelque importance, la fumure nous reste encore à examiner.

Nous ne pouvons diminuer la quantité des éléments de fumure, car autrement le produit baisserait immédiatement.

L'économie ne peut donc être rencontrée que dans les sources où nous irons puiser. Aussi, dans les engrais complémentaires, on pourrait, souvent, faire une économie d'une vingtaine de francs en pratiquant un peu plus les légumineuses, sainfoins, luzernes, trèfles, qui nous fourniraient l'azote, le plus cher des éléments. à meilleur compte.

Si à ces 20 francs sur la fumure complémentaire nous mettons 10 francs pour toutes les économies à faire, il nous resterait encore un minimum de 30 francs de diminution à obtenir, sur la fumure, c'est-à-dire sur son mode de production, sur la nature du bétail qui la produira.

Cette étude est très importante, mais encore une fois toute locale. Je ne puis que l'indiquer en vous donnant la solution qu'elle nous a donnée à la Société d'agriculture de Meaux.

Il faut, pour discuter la question, trouver des fermes en bonne situation, et dont la comptabilité soit bien tenue. Il faut que l'on sache exactement quelle a été, pendant toute une année, la nourriture donnée, son prix de revient, la valeur des divers produits de toute sorte obtenus et enfin la quantité de fumier fourni par chaque série d'animaux.

Nous servant des comptes tenus par M. Pelletier, fermier de M. de Rothschild, nous avons trouvé que, dans l'arrondissement de Meaux, le quintal métrique de fumier, à son état d'humidité normale, était :

0,80 pour les vaches laitières ;

1,87 pour les moutons ;

0,88 pour les porcs ;

1,66 pour les chevaux ;

0,24 pour les bœufs de travail.

L'avantage que nous procurent ainsi les vaches laitières est dû, en grande partie, à la vente avantageuse de nos fromages qui payent le lait 0,20.

Il est donc bien entendu que ces chiffres ne peuvent être généralisés. Suivant les conditions où l'on serait placé, les moutons utilisant des pâturages et des landes, les chevaux en pays de grand travail prendraient peut-être la place qu'occupent ici nos vaches, grâce à l'industrie des fromages de Brie.

Dans la ferme citée, le prix des fumiers mélangés ressort à 13 fr. 66 les 1,000 kil., rendus au champ, au lieu de 11 fr., que nous avons comptés, d'après M. Buignet ; mais il serait aisé de montrer qu'en remplaçant les moutons et les chevaux, si rien d'ailleurs ne s'y oppose, par des vaches laitières et des bœufs de travail, on amènerait à 6 fr. 67 le prix de ce même fumier, c'est-à-dire à 4 fr. 33 de moins, par 1,000 kil., que celui de M. Buignet, porté dans notre calcul à 11 fr.

Cette modification dans la composition du cheptel entraînerait évidemment une modification des cultures dans le sens d'un grand accroissement de cultures fourragères. Nous l'avions déjà indiqué : mais, enfin, nous croyons pouvoir conclure, d'après cela, que l'écart de 30 francs dans nos frais de fumure, correspondant à 2 fr. 50 par quintal de blé, pourrait être comblé. Année moyenne, en France comme en Amérique, nous pourrions lutter.

Il n'en serait plus de même dans le cas d'année mauvaise chez nous et bonne en Amérique. Les facilités de transport nous retirent tout espoir de voir des prix plus élevés venir compenser la diminution de quantité.

La situation reste donc précaire et demande des soins de la part du gouvernement. *(Vives marques d'adhésion.)*

Un Membre fait observer que M. Gatellier a pris son exemple en dehors des conditions les plus ordinaires du blé, même dans les cultures avancées. — Le rendement de 24 hectolitres à l'hectare n'est atteint en moyenne que dans les bonnes cultures de bons pays. L'écart qu'il signale entre nos blés et les blés américains est donc en réalité beaucoup plus considérable et les modifications indiquées par lui seraient certainement impuissantes à le combler, dans l'immense majorité des cas.

M. Gatellier réplique qu'il a cité un exemple qui lui était familier. Il serait possible, par de bonnes cultures, de se rapprocher des résultats indiqués. Mais, même dans ces conditions heureuses relativement, la lutte reste précaire et l'exemple cité ne sert qu'à le mieux démontrer.

L'étude avait été faite au point de vue de la concurrence américaine, mais celle-ci, si l'on en croyait les bruits qui circulent, perdrait beaucoup de son intérêt en présence d'une concurrence nouvelle, bien autrement redoutable, celle des blés des Indes.

L'Amérique est un pays jeune, l'Inde un des plus vieux ; mais, dans l'un comme dans l'autre, il y a en quantité des terres vierges, d'une fécondité que l'on ne saurait chiffrer, qui produisent et pour longtemps sans engrais. L'Inde aurait en plus une main-d'œuvre à vil prix et des frais de transports réduits au minimum.

On a cité des chiffres de 5 et 6 fr. le quintal, amenés en France au prix de 13 fr.!!! A ces prix, s'ils sont exacts, la concurrence serait écrasante et la lutte impossible.

Jusqu'à preuve contraire, il est cependant permis de douter. Puis il n'y a pas aux Indes de ces immenses territoires à défricher, comme en Amérique. La production devra être bonne. Sans atteindre au bas prix que l'on indique sans preuves suffisantes, il y a lieu de croire que ceux-ci seront inférieurs aux prix américains. Dans quelles proportions? Il importerait grandement de le connaître, et il serait désirable que le gouvernement voulût bien faire prendre ces renseignements par ses consuls et nous les faire connaître. Un vœu dans ce sens serait utilement émis avant la dissolution du Congrès. *(Marques d'approbation.)*

M. Gatellier passe à l'étude du blé au point de vue de sa qualité.

La Chambre syndicale des grains et farines de Paris a organisé des expériences, avec le concours de MM. Grandvoinnet, Aimé Girard..... dans le but de donner à la meunerie française des renseignements précis sur les différents modes de fabrication, afin de lui permettre de choisir les meilleurs et de lutter ainsi contre la concurrence étrangère.

Annexe aux Rapports sur les Expériences de Mouture

QUESTION DU BLÉ

Le but des Expériences de Mouture, organisées par la Chambre syndicale des Grains et Farines de Paris, a été de donner à la Meunerie française, des renseignements sur les différents modes de fabrication de la farine, afin de lui permettre de lutter contre la concurrence étrangère.

Il existe un fait incontestable, c'est que nos exportations de farines ont considérablement diminué depuis plusieurs années, et qu'après avoir atteint le chiffre de plus de 2,000,000 de quintaux, elles se réduisent aujourd'hui à environ 100,000 quintaux, tandis que les importations en France de farines étrangères augmentent chaque année.

Le tableau suivant, des importations et des exportations de

farine pour la France, depuis 1875 jusqu'à ce jour, indique parfaitement ce double mouvement en sens inverse :

	Exportations. Quintaux.	Importations. Quintaux.
1875	2.141.710	28.838
1876	1.307.426	40.607
1877	1.686.603	63.418
1878	363.084	74.437
1879	191.092	119.252
1880	151.588	280.392
1881	166.941	235.693
1882	97.412	326.656
1883	122.823	430.908

Pour réagir contre cette situation et suffire au moins à notre
consommation nationale, il est nécessaire que nous puissions
livrer des produits de même qualité que ceux de l'Étranger.

Or, dans toute industrie, la qualité des produits tient à deux
causes : 1° la bonne fabrication ; 2° la bonne qualité des matières
premières à transformer.

Nous espérons que les résultats de nos Expériences de mouture pourront donner des indications utiles sur la fabrication de
la farine ; mais les étrangers peuvent employer, aussi bien que
nous, les meilleurs procédés de mouture, et nous serons encore
au-dessous d'eux, si nos blés sont de qualité inférieure à ceux de
l'Amérique, de l'Australie, de la Hongrie, etc.

Non-seulement, il est nécessaire de prendre au moment de la
moisson toutes les précautions suffisantes pour récolter des blés
aussi secs que ceux de l'étranger, mais il faut encore qu'à égalité
de siccité, nos blés aient la même richesse en gluten, c'est-à-dire
en substance azotée.

Sous ce rapport, il doit y avoir entre l'Agriculture et la Meunerie, au point de vue du gluten du blé, une question analogue à
celle qui existe entre l'Agriculture et la Sucrerie, pour la betterave au point de vue du sucre.

Depuis trois ans, par suite d'une succession d'expériences de
culture et d'analyses chimiques, faites avec la collaboration de
M. L'Hôte, répétiteur d'analyses chimiques à l'Institut agronomique, nous avons acquis la conviction qu'il était possible avec
certaines précautions, d'obtenir chez nous des blés riches en
gluten, aussi bien que dans les terres vierges, où l'azote, accu-
mulé depuis des siècles, fournit le gluten nécessaire.

Pour obtenir de la betterave riche en sucre, il faut remplir deux conditions relatives à la semence et à la culture, qui peuvent se résumer ainsi : 1° semer une graine provenant d'une betterave riche en sucre ; 2° cultiver de telle façon, qu'il n'y ait pas dans la terre ensemencée un excès d'azote, provenant soit des récoltes précédentes, soit des engrais enfouis ou répandus.

Pour obtenir du blé riche en gluten, il y a également à tenir compte : 1° de la question d'ensemencement ; 2° de la question de culture.

Pour l'ensemencement, il faut semer des espèces riches en gluten. Malheureusement, sous ce rapport, nous avons fait tout le contraire de ce qu'il y avait à faire, en abandonnant nos semences de blé de pays à grain allongé, pour les remplacer par des espèces de blé anglais à grain rond. Généralement, un grain allongé contient plus de gluten qu'un grain rond, et voici pourquoi :

Si l'on examine au microscope la section transversale d'un grain de blé, on reconnaît que, dans la masse farineuse, la richesse en gluten est plus grande dans la partie contiguë à l'enveloppe que dans la partie centrale.

La conséquence de ce fait est que plus le grain se rapprochera de la forme sphérique, moins il aura de partie farineuse corticale par rapport à son volume total, et moins il contiendra de gluten ; plus au contraire il sera allongé, plus il contiendra de gluten dans la masse farineuse.

D'un autre côté, il ne faut pas exagérer l'allongement du grain de blé. Il ne faut pas chercher, par exemple, à le rapprocher de la forme d'un grain de seigle, parce que, par la même raison, plus le grain est allongé, plus l'enveloppe est considérable par rapport à son volume total, et par suite, plus le rendement en son doit augmenter, et plus le rendement en farine doit diminuer.

Toujours est-il qu'on est tombé dans l'exagération au point de vue de la qualité de la farine, sinon au point de vue du rendement en farine, en propageant de plus en plus l'ensemencement des blés anglais à grain rond. Pourquoi le cultivateur s'est-il lancé dans cette voie ? C'est parce que, généralement, les espèces d'origine anglaise lui donnaient plus de produit.

Il y a lieu, pour la question d'ensemencement du blé, de chercher des espèces productives à grain suffisamment allongé.

Il est possible d'arriver à la création d'un blé de conciliation par l'application de la méthode de croisement entre différentes espèces de blé indiquée par M. Vilmorin.

Pour la question de culture de blé, après avoir choisi une espèce convenable, il faut faire le contraire de ce qu'on fait pour la betterave, parce la matière analogue au sucre dans le blé est l'amidon qu'il ne s'agit pas de développer. Si donc la condition pour obtenir du sucre est de mettre la betterave dans une terre peu azotée ; pour obtenir du gluten, il faut mettre le blé dans une terre suffisamment azotée. Cette condition de culture est plus difficile à obtenir pour le blé que pour la betterave, parce que s'il y a dans la terre à blé excès de matière azotée, l'on arrive à des accidents qui sont la verse et l'échaudage du blé. Ces accidents peuvent être évités dans des cas semblables par l'emploi de superphosphates.

Mais, si l'on ensemence le blé dans une terre trop épuisée d'azote, par exemple, après la betterave, en n'ayant pas la précaution de mettre sur le blé un engrais suffisamment azoté par rapport aux matières minérales qu'il contient, on obtient un blé qui mûrit bien, qui a une belle apparence comme grain, mais qui ne contient pas de gluten.

Nous avons semé en 1881 le même blé, dit Victoria blanc, dans la même terre, à Luzancy (Seine-et-Marne), avec les mêmes engrais complémentaires dans trois conditions d'assolement différentes :

1° Après betteraves à sucre ;

2° Après avoine précédée de défrichement de luzerne ;

3° Après récolte de minette et emploi de fumier à raison de 30,000 kilog. à l'hectare.

Nous avons obtenu des blés tous différents d'apparence. Le plus beau comme aspect était le blé après betterave.

Nous avons récolté, en 1882, chaque blé à part ; nous avons fait des moutures séparées, et voici le résultat des analyses de farine à l'état sec, faites par M. L'Hôte :

	Azote.	Gluten.
1° Blé après betterave	1.45	9.06
2° Blé après avoine et défrichement de luzerne	1.61	10.06
3° Après minette et fumure directe	1.68	10.10

Il résulte de cette première expérience que le blé de plus belle apparence, celui après betterave, est le moins riche en gluten.

Nous nous sommes alors posé cette question :

Est-il possible d'enrichir en gluten le blé après betteraves, par adjonction d'engrais plus azotés ?

Nous avons alors semé, en 1882, le même blé Victoria dans la même terre après betteraves, en faisant varier les doses d'engrais ; après avoir fait la récolte en 1883, et après avoir moulu séparément les blés à doses différentes d'engrais. M. L'Hôte a obtenu les résultats pour l'analyse des farines à l'état sec :

ENGRAIS EMPLOYÉ à l'hectare.	Rapport de l'azote à l'acide phosphorique dans l'engrais.	Azote contenu dans la farine.	Gluten contenu dans la farine.
100 kil. sulfate d'ammoniaque 300 — superphosphate.	3/9	1.67	10.43
200 — sulfate d'ammoniaque 300 — superphosphate.	8/9	1.82	11.37
300 — sulfate d'ammoniaque 300 — superphosphate.	12/9	2.04	12.75
300 — sulfate d'ammoniaque 600 — superphosphate.	6/9	1.81	11.31

Ces résultats prouvent qu'il est possible d'augmenter par la culture la richesse en gluten du blé, et que cela dépend de la proportion d'azote par rapport aux matières minérales employées dans l'engrais.

Il est reconnu que la méthode de culture allemande, d'après laquelle on met le fumier sur blé avant betterave, au lieu de le mettre directement sur betterave, produit une betterave plus riche en sucre, parce que le fumier enfoui suffisamment à l'avance ne détruit pas le sucre déjà formé, par une végétation tardive. Nous sommes persuadé que cette méthode qui présente certaines difficultés d'exécution, est également favorable à la production du gluten du blé, à la condition que l'emploi d'une certaine quantité de superphosphate, en même temps que le fumier, corrige l'inconvénient de la verse possible du blé.

En posant cette question de qualité de blé entre l'Agriculture et la Meunerie, de la même façon que la question de qualité de betteraves est déjà posée entre l'Agriculture et la Sucrerie, nous n'obéissons qu'à un but patriotique, qui consiste à lutter de tous nos efforts contre la concurrence étrangère, pour repousser au plus tôt l'invasion de ses produits et chercher plus tard à reprendre notre rôle d'exportateurs.

E. GATELLIER,
Président de la Société d'Agriculture de Meaux.

Pendant que M. Gatellier se rassied, les applaudissements éclatent.

M. le Président estime que ces signes non équivoques de l'intérêt pris par tous à la communication qui vient d'être faite seraient insuffisants, et il propose au Congrès de voter des remerciements à M. Gatellier pour le service qu'il a rendu, en lui apportant, sur l'importante question du blé, une étude si neuve et si magistrale.

Les remerciements sont votés à l'unanimité.

M. Ponsard, Président du Comice central de la Marne, voudrait poser une question à M. Gatellier. On nous parle souvent des Allemands et de leurs succès agricoles. Comment s'y prennent-ils ?

On nous dit que, prenant le contre-pied de ce que nous faisons, ils fument les blés pour ne pas fumer au fumier de ferme les betteraves qui les suivent. C'est à cela qu'ils devraient une partie de leurs succès. Soit. Mais alors que fait-on des fumiers d'automne que l'on menait aux champs, et que les betteraves devaient utiliser ?

M. Gatellier. — Les succès des Allemands sont trop certains et tout le monde s'en émeut. Que font-ils ? Pour le savoir, il faut y aller. Sur ma proposition, la Société d'agriculture de Meaux a voté les fonds nécessaires pour un voyage d'étude et M. le Ministre a bien voulu nous encourager par une subvention de 1,000 fr. Quand ce voyage aura été exécuté, nous saurons à quoi nous en tenir. Il y a quelques difficultés, je ne l'ai pas nié ; mais enfin ces difficultés ne sont pas insurmontables, puisque les Allemands les surmontent.

Un Membre fait observer que la Société des Agriculteurs de France ne s'est pas laissé devancer dans ces voyages d'étude sur une question aussi grave. L'un de ses Secrétaires, M. René Jacquemart, en a déjà effectué un. Ses notes sont publiées au *Bulletin* de la Société. Un second voyage est décidé et les Membres du Conseil désignés ont accepté la mission qui leur était confiée.

Il croit, d'après cela, pouvoir répondre à M. Ponsard que les fumiers sont menés en bordure des champs et des chemins, soignement montés, tassés, recouverts de terre ou de sable, et employés aussitôt moisson, avant même que les grains, reunis en ligne au milieu ou sur les rives, soient enlevés.

M. Ponsard se demandait, en entendant M. Gatellier insister sur la composition des engrais, si c'est bien à eux que l'on doit la proportion plus ou moins forte du gluten. Il croit, quant à lui, que la race a là une action prédominante.

M. Gatellier n'a pas nié l'influence de la race, puisqu'il proposait d'en créer une, à l'instar de Vilmorin, de chercher un blé de conciliation qui pût satisfaire le cultivateur par ses rendements, le meunier par la qualité de son grain. Mais aussi il ne peut taire l'influence de l'engrais. Il a cité des expériences précises.

Ces données correspondent d'ailleurs à d'autres faits physiologiques bien connus. L'influence de la fumure sur la betterave ne fait plus doute.

Pour toutes les plantes à sucre, l'influence du phosphate est dominante. Qu'il s'agisse de la betterave ou de la vigne — la vigne peut être considérée aussi comme un arbuste à sucre — l'emploi du fumier est une erreur. Pour la vigne, plus encore que pour la betterave, les engrais montreraient sur le fumier de grands avantages et offriraient de plus grandes facilités de culture.

Les Allemands savent bien tout cela et leur pratique n'est que l'application raisonnée de faits scientifiques bien établis. Leurs betteraves donnent de 10 à 12 0/0 de sucre, en moyenne. Ils ne sèment que des betteraves de bonne race, mais ils n'en retireraient pas le profit qu'ils ont, s'ils ne maintenaient leurs engrais dans la proportion de 2 d'acide phosphorique contre 1 d'azote.

M. Ponsard dit qu'il ne peut entendre citer la force et l'habileté des Allemands sans éprouver le besoin de protester. Nous cultivons aussi bien qu'eux ; notre science vaut la leur ; nos betteraves, notamment, sont plus riches que les leurs. Et cependant le fait est là, ils nous écrasent !... cela tient uniquement à leur loi qui est meilleure ; leur loi qui les protège et encourage tandis que la notre nous ruine.

M. le Président de Felcourt dit que l'habileté des Allemands ne peut malheureusement être contestée. Ils apportent dans leurs cultures le soin méticuleux et le calcul que nous les avons vus mettre en tout. Leur loi est meilleure, c'est certain, mais il a pu constater chez eux-mêmes, par leurs documents officiels, des rendements supérieurs de 1/5 ou 1/4 aux nôtres.

M. Ponsard insiste. Les Allemands n'ont pas fait plus que nous pour la qualité de leurs betteraves. Nos betteraves sont supérieures aux leurs. M. Huot, dans l'Aube, a créé une race qui donne 12 0/0 ; faut-il citer celle de Vilmorin ; mais M. Desprez et tant d'autres dans le Nord, qui se livrent à cette culture spéciale de la betterave pour graine, à qui vendent-ils donc leurs produits ? Aux Allemands, qui viennent les chercher parce qu'ils les savent meilleurs. Ils payent la qualité, parce que leur industrie est prospère ; nos fabricants ne payent pas la qualité parce qu'ils souffrent et ils succombent sous les coups de notre loi. Notre loi est mauvaise : la loi allemande est bonne. Tout est là, et je ne saurais trop le répéter. Il faut changer notre loi : Là seulement est le salut.

M. Alfred Lequeux, Secrétaire du Comice central de la Marne, revient à la question du blé. On a dit que les blés indiens ne dépasseraient pas 13 fr. le quintal, or, dans les dernières publications, on indiquait comme prix de ces blés, rendus à Marseille, 15 fr. 50. La marge est encore considérable, et dans des conditions de prix encore plus élevés, la concurrence serait impossible. A-t-on, sur ces prix, des renseignements plus précis. On cote, à Marseille, 15 fr. 60 le quintal.

M. Vincienne, de Vitry, et plusieurs, protestent vivement contre ce chiffre. Ils ne peuvent dire ce que coûte réellement le blé des Indes, mais ils n'en connaissent pas à moins de 22 à 23 50 les 100 kil.

M. Vaudrey-Evrard, Vice-Président de la Société d'horticulture, Secrétaire du Comice agricole de Mirecourt, demanderait encore à M. Gatellier une explication. Quelle est la valeur des fumures employées sur le sol, par les Allemands, de préférence à la fumure dans le sol ? Il lui paraît que ce mode laisse beaucoup à désirer. Il croit et a la certitude que la majeure partie des principes nutritifs favorables au développement et à la construction des végétaux ne leur sont pas fournis, attendu que ces éléments étant de nature essentiellement volatile sont évaporés et retournent à l'atmosphère avant d'avoir servi aux plantes.

C'est surtout les corps hydrocarbonés et leurs dérivés qui sont, par ce fait, retirés de la masse fertilisante des engrais. J'ai la ferme conviction qu'il vaut mieux enterrer les engrais presque au fur et à mesure de leur production. La fermentation qui se produit sous forme ammoniacale est une richesse de plus donnée au sol, et il n'est pas de si bonne application des engrais que celle qui permet d'utiliser toute leur puissance.

Néanmoins, il est quelquefois utile, même très avantageux, de répandre l'engrais sur le sol, mais cette application ne doit se faire que pour conserver au sol une certaine humidité en le soustrayant à l'influence desséchante de l'air. Il y a bien là, aussi, un fait de fertilisation, mais d'une influence bien inférieure à celle de la fumure dans la terre.

M. Gatellier répond à M. Vaudrey qu'il n'a pas de renseignements spéciaux à donner sur la fumure en question qui serait appliquée par les Allemands. Les Commissions qui seront envoyées en Allemagne pourront préciser ces points de détail.

La fumure peut avoir une influence différente, suivant les époques d'application et le but poursuivi. Ainsi les fumures d'octobre et novembre ont généralement de bons effets : elles sont enfouies ; celles de août et septembre valent moins : elles sont en couverture ; mais elles valent moins parce qu'elles prolongent la végétation et s'opposent à la bonne maturation des racines. On fume quand on peut et comme l'on peut.

Les Allemands évitent ces inconvénients en fumant l'année qui précède la betterave, pour blé, et en usant seulement d'engrais chimiques pour le semis de betteraves. Là est le point original. Cette pratique est juste l'inverse de la nôtre ; elle donne de bons résultats, et c'est à ce titre qu'il a voulu la signaler.

M. le Président demande à ramener la discussion à l'ordre du jour. La betterave est fort intéressante. C'est une culture importante et bien menacée. On y pourrait revenir à propos des sucres, mais la question à traiter en ce moment est celle du blé.

Le blé des Indes va ajouter sa concurrence à celle des blés d'Amérique et, sans être fixés sur des prix que l'on dit fabuleusement bas, il semble acquis que ce sera en des conditions de bon marché que nous ne pouvons atteindre.

Un Membre fait observer que les Etats-Unis s'inquiètent, eux aussi, de la concurrence que peut leur faire les Indes sur le marché européen. Une publication américaine estimerait à 76,000,000 d'acres la surface susceptible d'être ensemencée en blé, c'est-à-dire le double de la surface ensemencée aux Etats-Unis. M. Caird, d'après des documents anglais, estime à 26,000,000 d'acres (6,500,000 hectares) la surface actuellement ensemencée et croit que les terres susceptibles de l'être ne le seraient qu'à la suite d'immenses travaux de défrichement nécessitant de grands capitaux : ce qui rend la concurrence moins probable, en tout cas moins active. Malgré tout, en 1882, 1 million de tonnes ont déjà été exportées. En 1882, les Indes nous ont envoyé 50 fois plus qu'en 1880 ! D'après M. Proost, parlant à la Société centrale d'Agriculture belge, le blé vaut 3 fr. 25 le quintal aux Indes, et revient à 6 fr. 25 sur les côtes anglaises. On a offert de ces blés à 11 fr. le quintal.

M. Vinciennes. — Ces blés à 11 fr. le quintal n'ont pas même trouvé d'acheteur ; ils étaient de trop mauvaise qualité. Il ne suffit pas d'offrir à bon compte, il faut encore que la matière soit utilisable : ces blés ne l'étaient pas. Il y a aux Indes de très bons blés. Ce sont les blés marchands qu'il faut considérer, et ceux-là coûtent toujours au moins 20 fr.

M. Ponsard. — On en peut avoir à bien meilleur compte. Je citerai un exemple : M. Biémont, de Coupeville, m'a affirmé avoir eu de ces blés de l'Inde à 18 fr. 50 les 100 kil. rendus chez lui.

M. Vinciennes. — Je ne crois pas la chose possible ; ou bien c'étaient de mauvais blés, impossibles à employer tels quels. Ce ne pouvait être une fourniture courante.

M. Ponsard insiste. Il cite un fait et le tient pour réel. Il demande si, comme on le prétend, ces blés doivent être lavés.

M. Vinciennes, appuyé par d'autres Membres, affirme que ces blés doivent être préalablement mouillés. Ils sont trop durs, desséchés et souvent sentent mauvais. Il a vu de ces blés. L'industriel cité par M. Ponsard a dû les payer 18 à 19 fr. au Hâvre. Il y en a eu effectivement d'offerts à ce prix ; mais ils étaient avariés et avaient un goût assez prononcé pour qu'il fût difficile d'en employer plus de 5 à 6 0/0 en mélange avec d'autres farines.

M. Alfred Lequeux. — Mauvais ou non, ce n'est pas la question. Ces blés entrent, ils se vendent et se consomment. Ils font donc une concurrence et une concurrence d'autant plus désastreuse qu'ils sont à plus bas prix.

M. Vinciennes. - Mais ces blés indiens n'ont pas seuls le privilège de la mauvaise qualité et du bas prix ; ils ne sont pas seuls à venir faire concurrence à nos bonnes sortes, par leur bon marché. Tout le monde sait que, l'année dernière, on offrait beaucoup de blés indigènes à 15, 16 et 18 fr., parce qu'ils étaient mauvais et bien difficiles, sinon impossibles à employer. Pour avoir de ces blés à vil prix, il n'est donc pas nécessaire d'aller recourir aux blés étrangers. Si l'on veut comparer il faut ne prendre, de part et d'autre, que les bons blés marchands : ceux-là ont toujours leur prix.

M. de la Vallette, Membre du Conseil de la Société des Agriculteurs de France. Il ressort au moins une chose de ces discussions, c'est que partout ailleurs on fait de bons blés et à des conditions infiniment meilleures que nous.

Pouvons-nous lutter contre ces invasions qui nous accablent en ce moment et qui ne peuvent que grandir.

Oui, nous dit-on, mais pour cela, il faut améliorer !

Eh bien, je me demande, quand nous aurons amélioré, serons-nous plus avancés ; la question sera-t-elle changée ? Il faut voir les choses au fond et ne pas se payer de mots.

En Californie et ailleurs, on a des blés de première qualité ; ils ne sont pas chers ; pourquoi ? parce que le prix de revient là-bas est très bas.

Nous allons faire aussi bien qu'eux ; mais en améliorant, c'est-à-dire en faisant des frais, et nous comblerons la différence ; mais qui les empêchera, eux, d'améliorer aussi, d'avoir les bénéfices, comme nous, de ces améliorations ? Ils auront toujours le bénéfice de leur production économique, l'écart restera le même et après tous nos efforts nous nous retrouverons comme avant en situation d'une grande infériorité. Ils produiront beaucoup, auront besoin de vendre, l'écart leur permettra de le faire, ils vendront donc quitte à baisser et nos blés resteront là.

Les améliorations dont on parle sont excellentes, il faut y arriver si l'on peut, mais ce n'est pas une solution.

Il faut se placer résolument sur le terrain pratique. Si l'on veut vivre, il faut pouvoir vendre ses produits sans perte, par conséquent il faut rétablir l'équilibre rompu ; il faut combler l'écart qui existe et continuera à exister fatalement entre nos prix de revient et ceux de l'étranger. Il n'y a pas d'autre solution, c'est une question de vie ou de mort !

Améliorer ! mais qui voudra le faire et comment le faire quand on est ruiné. Voyez l'enquête de l'Aisne. Etait-il besoin d'améliorer ce pays, un des plus riches de France, cité partout pour sa culture si soignée et perfectionnée. Voilà une ferme comprenant 51 hectares de terre à blé de première qualité ; elle était louée 6,000 fr. Le propriétaire est bien heureux d'en trouver 1,500 fr. Allez donc lui demander des améliorations à celui-là. Il avait une culture modèle, mais, quand même il eût pu améliorer encore, pensez-vous que cette perte énorme, de 6,000 à 1,500 fr., l'encourage ; et à côté de lui il y a 800 fermes importantes, en bon sol, qui restent en friche, faute de locataires.

C'est là une situation navrante. Le gouvernement a bien été obligé de s'en émouvoir, une enquête a été faite et nous demanderons qu'elle soit publiée.

On a voulu nous donner un semblant de satisfaction, et le projet de loi qui est sorti de ce bon mouvement est vraiment étrange.

Il propose, pour protéger les farines, un droit de 3 fr. 75 sur les farines étrangères ; mais rien, rien sur les blés, la matière première !!

Eh bien, cela ne sauvera pas la meunerie française, mais aggravera encore la situation du cultivateur. Le meunier, en se débattant contre une concurrence très vive, profitera des 3 fr. 75 qui protégeront son produit et courra aux blés étrangers plus économiques, pour augmenter ses bénéfices, en délaissant les nôtres.

On nous dit bien : Nous ne pouvons imposer les blés ; nous n'osons pas, mais nous allons vous protéger par une voie détournée. Le bétail vous est nécessaire pour améliorer et par là lutter contre la concurrence étrangère ; nous allons protéger votre bétail en doublant, sur ce chapitre, les droits à l'entrée !

Eh bien ! j'accepte. Cela fera du bien aux éleveurs et cela est juste ; mais cela est toujours insuffisant. Oui, notre bétail aussi aura besoin d'être protégé ; mais il a moins besoin pour l'instant ; cela presse moins. Allons au plus pressé.

La culture du blé est morte, si elle n'est défendue. Les améliorations sont impossibles, si leur avenir n'est assuré.

On ne peut le faire qu'en rétablissant l'équilibre. On nous parlait de 3 fr. 30, mais en calculant sur des données exceptionnelles, d'un bon pays, de bonnes récoltes. Il faut que le plus grand nombre, c'est-à-dire l'industrie même et non-seulement ses sommets, soit garanti. Prenons donc une bonne fois le tau-

reau par les cornes et demandons ce qui nous est nécessaire. On
a posé le chiffre de 5 fr. par quintal ; demandons énergiquement
un droit de 5 fr. par quintal sur les blés étrangers, nous amélio-
rerons ensuite et, l'équilibre une fois stable, tout le monde y
gagnera. (*Vifs applaudissements.*)

M. Gatellier. — J'avais annoncé en commençant que je m'oc-
cuperais de la question du blé au point de vue de son prix de
revient et de sa qualité. J'avais ajouté celui des droits de douane
et je ne m'y suis pas arrêté, parce qu'il m'a semblé que je me
serais placé en dehors de votre ordre du jour qui réservait pour
une autre séance le vote des résolutions et vœux à émettre. Je
serai privé d'assister à ces dernières réunions. Je suis donc bien
aise de voir soulever cette question, et je vais vous demander
d'en dire deux mots.

La question économique du blé et de la farine, dans ses rapports avec la production étrangère, a préoccupé beaucoup, dans
ces derniers temps, la Chambre syndicale des grains et farines.
La meunerie française est fort menacée, il fallait aviser à la
défendre. Nous demandions au Ministre de relever les droits de
douane et, pensant d'abord que le prix du blé ne pouvait être
augmenté par des droits, comme matière première, on se dispo-
sait à demander un relèvement de droits en faveur des farines
seules.

J'ai pu modifier l'opinion de la Chambre syndicale et l'amener
à demander un relèvement égal pour le grain et pour la farine.
Nous nous placions sur le terrain de la réciprocité avec l'Allemagne.

L'Allemagne est, comme nous, une puissance agricole, ses
tarifs sont modérés, nous espérions être écoutés.

Le gouvernement n'a pas accordé ce que nous demandions.

La situation de la meunerie est très désavantageuse, aujour-
d'hui. Ainsi, un minotier qui voudrait, par exemple, fournir les
boulangers de Paris, ne devrait pas s'établir près de Paris, mais
en Belgique. Voici pourquoi : A Anvers, le prix du blé est en
général de 5 fr. de moins qu'au Hâvre. Il y a de bonnes voies de
transport, un frêt moins élevé et pas de droit de 0,60 à l'entrée :
la main-d'œuvre est moins chère, comme le charbon ; cela fait,
au bas mot, une baisse de 1 fr. 20 sur les prix français.

La farine, son prix, par conséquent les droits qui peuvent

retarder ou accélérer son mouvement d'entrée, ne sont pas sans influence sur le prix de nos blés.

Pourquoi, par exemple, l'année dernière, cette baisse dans les blés, cette lourdeur dans les affaires ? C'est que la meunerie avait beaucoup fabriqué, en même temps que l'importation augmentait dans des proportions imprévues. Il fallait s'arrêter, liquider son stock ; de là le délaissement des blés.

Il faut donc nous défendre et demander des droits de douane, non seulement sur les farines, mais sur les blés et, aussi, sur toutes les autres céréales.

Que demander ?

Nous nous étions basés sur les demandes de l'Allemagne, demandes fort modérées.

Pour le blé,	1 fr. 25 par quintal, au lieu de 0 fr. 60.			
— seigle,	1	25	—	— rien.
— avoine,	1	25	—	— —
— orge,	0	625	—	— —
— maïs,	0	625	—	— —

Le total de tous ces droits pouvait former une ressource de 15 millions environ.

C'était peu, mais encore quelque chose.

On nous disait, en effet : Demandez des droits, dans des conditions raisonnables, mais pas de protection.

3 fr. par quintal, qui vous semblent nécessaires, mais c'est impossible, à cause du consommateur. Faites des améliorations et nous vous aiderons par des dégrèvements.

Mais les améliorations nous sont impossibles tant que notre industrie n'a pas une marche normale, et les dégrèvements sont impossibles puisque le budget n'a pas d'excédants.

Pour dégrever sans les excédants, il faudrait créer de nouvelles ressources, c'est-à-dire de nouveaux impôts : or, chacun le sait, il est encore impossible de pressurer, plus qu'on ne le fait, la bourse des contribuables.

Il ne reste donc qu'une ressource : demander aux droits de douane ce dont on a besoin.

Le droit de 3 fr. sur les blés est impossible. Nous le mettons sur les farines, a dit le gouvernement. Le cultivateur en aura déjà le contre-coup heureux ; puis nous le dédommagerons en frappant à l'entrée le bétail étranger qui vient faire concurrence au sien.

Cette mesure est tout à fait illusoire ! Notre principal concurrent, en ce moment, pour les animaux, c'est l'Allemagne, et, nous le savons tous, elle jouit du tarif de la nation la plus favorisée. Or qu'arrivera-t-il, et cela se fait déjà ? Le prix étant relevé sur les animaux vivants, elle nous les envoie morts.

Ainsi pour les moutons, le droit par tête est de 2 fr. Nous pouvons l'élever ; mais l'Italie, jusqu'en 1892, peut entrer chez nous, à raison de 3 fr. par quintal, les viandes fraîches. L'Allemagne profite de cette clause. Elle tue ses moutons et les envoie congelés, dans des wagons *ad hoc*. 100 kil. de viande fraîche au droit de 3 fr. représentent 5 moutons vivants au droit pour les cinq de 10 fr.; donc de ce chef un bénéfice de 7 fr. De plus, nouveau bénéfice : au lieu de 70 moutons, elle en expédiera, sous cette nouvelle forme, 350 par wagon.

Ce qu'elle fait en ce moment pour ses moutons, d'autres vont le faire. Les australiens nous arriveront, dans les mêmes conditions, viâ d'Italie ou d'Allemagne. La ressource supposée dans le relèvement des droits sur les animaux est donc illusoire. Si l'on veut se créer des ressources, il faudra frapper de droits les farines, le blé et toutes les céréales.

M. Robinet verrait avec peine les cultivateurs demander une élévation de droits qui ne leur serait point profitable. Cette mesure amènerait inévitablement des représailles. Les nations étrangères élèveraient leurs droits de douane, comme nous, et dans une mesure peut-être plus forte. Ils en arriveraient à frapper des industries qui sont encore prospères, et le seul bénéfice que nous récolterions serait l'égalité dans la misère.

Ainsi, sans attendre les mesures que nous entendions proposer tout à l'heure, le Reichstad allemand a déposé un projet qui augmente de 100 0/0 : porte de 40 à 80 fr. les droits sur les vins de Champagne et les eaux-de-vie. Ce serait pour nous un droit presque prohibitif et les souffrances de notre commerce se repercuteraient infailliblement sur la culture ou la viticulture.

On nous a dit que des améliorations pouvaient nous permettre de lutter ; lançons-nous hardiment dans ces améliorations. Au lieu de réclamer de l'Etat des subsides ou des droits protecteurs, exigeons de lui qu'il nous mette en bonnes conditions de lutte, en favorisant nos transports par des canaux, des chemins de fer *(protestations nombreuses)*. Réclamons l'abolition du monopole, partout où il se rencontre, des entraves d'une réglementation exagérée. Nous trouverons dans la liberté et la concurrence tout le ressort nécessaire, pour sortir à notre honneur de la crise que nous traversons.

M. Ameline de la Briselaine, Secrétaire de la Société des Agriculteurs de France, n'a pas l'intention de nier les souffrances de l'agriculture ; elles sont très réelles, très intenses, dignes du plus grand intérêt, on ne saurait faire trop d'efforts pour les soulager. Elles ont un grand retentissement, il les a souvent entendues et il a toujours conclu que, dans la recherche des remèdes à y apporter, il ne fallait, ni se décourager, ni se laisser emporter.

Le Ministre s'en était ému. Il était même sorti de cette émotion un projet de loi portant le relèvement des droits. Puis, hier, nous disait-on, il avait pris peur et remis dans les cartons de son ministère ce projet, le jugeant incapable d'affronter le jour des Commissions législatives. Nous pouvons donc insister encore et bien dire nos besoins. Mais, de bonne foi, ces plaintes, si justes au fond, ne sont-elles pas exagérées !

On parle beaucoup des blés indiens ; en a-t-on beaucoup vu ? Sait-on bien leur prix ? Ceux que l'on cite varient de 5 à 23 francs !!

On en disait autant, il y a quelques années, des blés américains. Ils pouvaient arriver, disait-on, à 17 ou 18 fr. le quintal, et M. Gatellier vient de nous établir un compte authentique qui les porte à 23 fr. 50. Il établit en même temps que nous pourrions arriver à lutter, à combler l'écart singulièrement affaibli sur les premières estimations puisqu'il n'est plus que de 3 fr. 30.

Un Membre. — Mais le compte de M. Gatellier est établi sur des données spéciales à l'arrondissement de Meaux, et partout exceptionnelles. Il suppose un rendement de 24 hectolitres ou 18 quintaux à l'hectare, tandis que la moyenne, d'après tous les relevés officiels, n'est que de 15 hectolitres, ou 12 à 15 quintaux de l'hectare.

Il suppose le blé américain, d'après M. Hubbard, venant du Minetosa en France à 23 fr. 60 le quintal, mais d'autres comptes, non moins indiscutables, le montrent à 9 fr. 40 le quintal à

Chicago ; et au Hâvre à 17 fr. 60 ayant acquitté un prix de transport de 8 fr. 20.

Si, admettant un compte de culture analogue à celui fourni par M. Gatellier, le prix de notre blé, pour des rendements de 11 quintaux à l'hectare, ressort à 27 ou 28 fr. le quintal, c'est une différence de 10 fr. avec le blé américain, et cela à notre préjudice.

Plusieurs Membres. — Et le blé des Indes !

M. Ameline de la Briselaine ne veut pas discuter ces détails, il ne nie pas, il constate des différences et rappelle des chiffres cités. Les Indes seront peut-être à redouter, mais ce serait dans l'avenir. Jusques à présent on ignore et l'objection tirée de ces blés ne serait peut-être pas bien fondée.

Il faut évidemment faire quelque chose ; il faut aboutir et, pour cela, prendre les moyens pratiques. Or, chacun le sait ici, nous ne sommes pas les maîtres ; ce n'est pas nous qui voterons le relèvement des droits ; nous ne pouvons que les demander aux Chambres ; il faut les obtenir et pour cela ne demander que ce que nous savons que l'on pourra on voudra nous octroyer.

Eh bien, si nous demandons la protection, nous ne l'aurons pas. Si nous demandons l'établissement ou le relèvement des droits fiscaux, nous avons chance d'être écoutés.

M. Germain Casse a déposé un projet de loi qui propose l'établissement de droits sur toutes les denrées agricoles qui ne sont pas comprises dans les traités. Voici un bon terrain, parce que l'on a chance d'y trouver de l'appui. Profitons-en. Mais soyons sages, ne nous lançons pas dans une guerre de tarifs, nos guerres ne sont pas heureuses et celle-là ne nous profiterait guère. Léonce de La Vergne, un homme qui ne peut être récusé par des agriculteurs, disait : Il est légitime de frapper un octroi sur toutes les denrées étrangères, équivalant à ceux que payent ces mêmes denrées dans le pays, et il proposait le taux de 5 0/0 *ad valorem.* Ceci nous ramènerait à peu près à ce droit de 1 fr. 25 par quintal qui était indiqué par M. Gatellier ; il serait sage de s'y tenir.

M. de la Vallette. — Il faut faire quelque chose ou rien !

Améliorer sa situation d'une façon sérieuse ou la garder en repoussant des palliatifs qui ne feraient que masquer son danger.

Le droit de 1 **fr.** 25 par quintal, que l'on propose, changera-t-il cette situation ?

Mille fois non ! C'est une goutte d'eau dans la mer ! A quoi bon la laisser tomber ! Laissez tomber la culture et que l'industrie ruineuse du blé disparaisse, si vous ne voulez ou pouvez la sauver.

Que nous parle-t-on d'améliorations ? Mais le Nord n'a-t-il pas la culture la plus avancée, et cependant voyez MM. Desprez, Beaucarne-Leroux, Vallet, les Comices, les Sociétés d'agriculture de la région qui, tous, proclament le déficit, l'impossibilité de la lutte si une barrière n'est pas élevée pour arrêter, dans son élan, un flot trop abondant. Voyez M. le Préfet du Nord, un des rares préfets agricoles, disant devant les agriculteurs assemblés : Vous avez un grand défaut ; vous ne criez pas assez fort, vous ne criez pas assez !

Je ne dis pas de crier sans raison, mais écoutant l'avis de M. le Préfet du Nord, je ne connais pas celui de la Marne, disons hautement nos besoins. J'ai proposé le chiffre de 5 fr. parce que les grandes assemblées de Laon et du Nord l'ont établi après enquête. Je ne dis pas que 5 fr. seraient suffisants partout ni toujours, mais c'est le chiffre posé par les pays des meilleures cultures, c'est un minimum par conséquent ; demandons-le puisqu'il est déjà posé.

Qu'est-ce donc que ce consommateur que l'on nous oppose toujours ? Oublie-t-on que les deux tiers de la nation vivent de la culture, qu'ils sont producteurs avant d'être consommateurs ; et que l'autre tiers, fabricants, industriels, ouvriers et rentiers, ont encore ces deux tiers pour meilleur et souvent seul client ; que par conséquent la prospérité des derniers est solidaire de celle des premiers.

Admettons cependant ce consommateur dont on prend tant de soins. Est-ce le prix du blé qui lui fait payer le pain cher. Jamais l'un n'a été si bas et l'autre si élevé.

Cependant les meuniers se plaignent comme le cultivateur ; qui donc gagne alors si ce n'est les boulangers !

Et, en effet, autrefois la cuite se faisait au prix de 7 et 8 fr. par sac de 187 kil., puis la taxe est venue qui l'a fixée à 10 francs et enfin 12 francs. N'est-elle pas aujourd'hui de 18 francs, 25 francs et quelquefois 30 francs ; c'est exorbitant !

Il y a, à Paris, une grande Société qui s'est fondée pour exploiter la boulangerie. Elle livre son pain à 0 fr. 32 le kil. tandis que les boulangers le vendent de 0 fr. 42 à 0 fr. 45 ; je ne parle pas des pains de fantaisie. C'est beaucoup trop.

Que faire à cela ? rétablir la taxe, il n'y a pas d'autre moyen.

Les représailles dont on nous menace ne sont qu'un mot !

Quand l'Etranger vient chez nous chercher un objet, ce n'est pas, comme on dit vulgairement, pour nos beaux yeux. C'est qu'il le trouve meilleur ou à meilleur marché.

Nos vins sont enlevés, malgré les droits, parce qu'on n'a pas ailleurs leurs similaires, et qu'ils se montrent supérieurs. On ne prend pas nos vins ordinaires, nos vins de boisson. C'est toujours le produit exceptionnel que l'on vient chercher.

Il entre en France une foule de produits à bien meilleur marché que les nôtres. Beaucoup viennent d'Allemagne ; ceux-là, l'Allemagne ne viendra pas les chercher chez nous. Nous-mêmes, nous allons les chercher en Allemagne, et bien heureux encore quand on ne nous les vend pas comme produits français, au prix français !

Un grand fabricant du Sud-Est reçoit un jour la visite d'un commis-voyageur allemand qui vient lui offrir les objets mêmes de sa fabrication, mais à 25 ou 30 0/0 plus bas que ses prix de revient. Le fabricant s'indigne d'abord. Vous osez venir m'offrir une concurrence à moi-même..... Pardon, répond l'Allemand, si je suis venu c'est que j'ai cru l'affaire possible et même avantageuse pour vous. Je vous la propose, je vendrai ailleurs ; que vous fait de fabriquer ou d'acheter ? l'important est d'avoir du profit. Voici mes prix, je repasserai dans huit jours.

Le fabricant avait réfléchi ; au bout de ces huit jours, quand le tentateur revint, la poire était mûre ; le fabricant ferma son usine et se fit représentant de son ancien concurrent allemand : il y gagne plus !

L'Allemagne augmente ses droits de douane, c'est vrai, mais c'est pour augmenter ses ressources sans frapper de nouveaux impôts et non par représailles.

Donc, demander vigoureusement, sans relâche, ce qui est nécessaire, peut avoir de l'effet. 1 fr. 25, c'est dérisoire ; il faut au minimun 4 à 5 francs par quintal de blé.

M. Gatellier. — Il est certain que l'argument tiré de l'intérêt

des consommateurs n'a pas la valeur qu'on lui prête ordinairement. Le prix du pain n'est pas en rapport avec le prix du blé ; il
est beaucoup trop cher. On a donné la liberté de la boulangerie,
comptant sur la concurrence pour obtenir le pain bon marché :
or le résultat contraire a été acquis. On a taxé le boulanger en lui
accordant un bénéfice raisonnable. La loi n'est pas abolie, mais
la taxe ne s'applique plus nulle part. Que faire ? Peut-être trou-
verait-on une solution dans les boulangeries coopératives.

Cependant, malgré la cherté, le bénéfice du boulanger n'est
pas ce que l'on suppose. Autrefois, la cuisson de 157 kil. de farine
était de 8 à 10 fr., cela suffisait ; mais par suite de la grande
quantité de fours mis en marche, chacun a en moins à faire. La
diminution peut être de 2 sacs au lieu de 4, 5 et 6 sacs. Les frais
généraux, pour ces 2 sacs, n'ont pas diminué, ils ont plutôt
augmenté ; de sorte que, en prenant 25 et 30 fr. pour la cuite, le
bénéfice a malgré tout diminué.

Dans une grande boulangerie, les frais diminueraient, mais
l'établissement de ces grandes boulangeries n'est pas possible.
La clientèle a, en effet, des exigences qu'il faut satisfaire. Le pain
veut être cuit plus ou moins, suivant les clients ; le pain doit
arriver en temps opportun, variable avec les consommateurs. La
distribution du pain, dans ces conditions, pour une grande boulangerie, serait bien difficile. Le client ne serait pas content et
quitterait le fournisseur. L'outillage a été modifié, les pétrins
mécaniques ont remplacé l'homme, les boutiques sont plus
luxueuses. Le client aime, veut tout cela. Le boulanger doit
compter avec lui. Il le sert bien, mais fait payer.

M. de la Vallette. — Cela a toujours été comme cela. Le
consommateur a toujours voulu avoir de bon pain et à son heure,
et le pain valait mieux autrefois que maintenant. Mais laissons
Paris ; que se passe-t-il en France ; partout le pain vendu de
0 fr. 07 à 0 fr. 08 plus cher qu'il ne devrait, au-dessus de son
prix réel.

Les boulangers sont trop nombreux. Il y en avait, à Paris,
920 en 1863 ; il y en a aujourd'hui 1,700 ! Pourquoi ? Ils ont trop
de frais, pourquoi ? Ils ont des pétrins mécaniques, des boutiques
luxueuses, pourquoi, encore ; et que cela peut-il nous faire à
nous ? La vérité, c'est que les boulangers sont les maîtres. Si
nombreux qu'ils semblent, ils forment encore une corporation

unie contre nous, ils s'entendent, ils tiennent bon, parce que leur vente est forcée. Tout en maugréant nous allons chez le boulanger.

Ce qu'il importe, c'est que nos blés puissent soutenir la concurrence étrangère ; c'est que leur culture nécessaire ne nous mène pas toujours infailliblement à la ruine. Pour cela il nous faut au moins 5 francs par quintal ; demandons-le sans crainte, les consommateurs ne payeront pas le pain plus cher.

Un Membre. — Mais on a déjà maintes fois prouvé que dans le cas où les 10 francs nécessaires pour combler la différence entre le prix de revient de nos cultures ordinaires et celui des blés américains, seraient accordés, et en supposant que ce droit de 10 francs mis à l'entrée sur les blés étrangers, élevât de 10 francs le prix de vente de tous nos blés, cela n'augmenterait le prix du kilog. de pain que de 0 fr. 04 au plus par tête et par jour ; et le bien-être qui renaîtrait partout rendrait facile à supporter ce petit accroissement de charges.

M. le Président de Felcourt pense qu'il serait temps de conclure. Tout le monde ici affirme les souffrances de la culture et la nécessité d'y apporter remède. On ne diffère que par les moyens.

Les uns, n'osant réclamer les droits nécessaires pour combler l'écart qui nous est si préjudiciable, réclament du gouvernement un droit fiscal dont le revenu serait appliqué aux dégrèvements ; et comptent, pour le reste, sur les améliorations culturales.

Les autres, affirmant leurs besoins, affirment la possibilité de les satisfaire, réclament au gouvernement le minimun de ces droits nécessaires pour les mettre sur un pied d'égalité avec l'étranger. Ce minimum est fixé par eux à 5 francs.

M. Gatellier a parlé dans le sens de la première proposition, veut-il formuler un vœu que je soumettrai au Congrès?

M. Gatellier. — Si l'on interroge les tarifs de douane des différents États, on voit que les pays industriels ou adonnés à la culture pastorale admettent les grains en franchise. Ils ont besoin, les uns et les autres, des apports étrangers pour avoir une nourriture économique. Les pays à céréales, au contraire, demandent à leurs douanes certaines ressources en frappant d'un droit, plus ou moins élevé, les céréales importées.

Nous sommes dans ce cas. Jusqu'ici nous avions laissé entrer en franchise ; aujourd'hui nous demandons que des droits de douane soient mis et nous procurent quelques ressources. L'Allemagne est dans le même cas que nous : nous proposons ses tarifs, nous demandons la réciprocité, les tarifs sont modérés, ils ne peuvent être refusés.

Ce serait, pour les blés,   par quintal, 1 fr. 25,

seigles,	—	1	25,
avoines,	—	1	25,
orge et maïs,	—	0	62,
farines,	—	3	75.

Il est procédé au vote, par assis et levé. La proposition est repoussée à une grande majorité.

M. le Président. — Il me reste à soumettre à vos votes les propositions de M. de la Vallette ; un droit de 5 francs par quintal de blé.

Plusieurs Membres. — Mais les autres grains.

M. le Président. — Le droit est seulement fixé pour le blé à 5 francs, mais il est entendu que tous les produits agricoles, non compris dans les traités de commerce, doivent figurer au tarif des douanes, les autres grains pour un quantum proportionnel à celui du blé. Je mets aux voix la proposition.

Elle est votée à une grande majorité.

Plusieurs Membres. — Mais les farines.....

M. le Président. — Comme tous les produits agricoles elles devront avoir un tarif proportionnel à celui du blé.

M. Vinciennes. — Mais alors ce serait 15 francs par sac de farine ?

M. Ponsard. — Puisque nous avons ici des meuniers, qu'ils nous disent donc ce qu'ils veulent, quels grains nous devons leur faire ? J'ai successivement essayé 250 variétés de blés. Ceux qui étaient réputés bons, jadis, ne le sont plus aujourd'hui, et nos meilleurs ne vaudraient pas, dit-on, les blés de Hongrie, d'Australie... Je demande quels sont les blés qui conviennent ?

M. Vinciennes. — Ni anglais, ni bleus.

La séance est levée et la continuation de la question du blé remise à demain.

Séance du Vendredi 6 Juin, à neuf heures du matin.

M. de Felcourt s'étant trouvé empêché, M. Ponsard, Président du Comice central de la Marne, prend le fauteuil de la présidence.

M. Mérendet, président du Comice d'Epernay, demande la parole et rend compte de la mission dont il a été chargé auprès de M. de Saint-Vallier. Il donne lecture de la lettre que M. de Saint-Vallier lui a adressée en réponse à son télégramme.

« Paris, le 5 juin 1884.

« Monsieur le Président,

« Dès la réception de votre télégramme, je me suis empressé de vous adresser par le télégraphe mes remerciements les plus empressés en vous priant de bien vouloir vous faire auprès du Congrès agricole l'interprète de ma vive reconnaissance.

« Je suis extrèmement sensible au témoignage si hautement flatteur et honorable que je trouve dans le vote de félicitations émis par le Congrès. C'est pour moi un encouragement précieux dans la lutte que je soutiens, dans les démarches de tous les instants que je fais et dans les efforts auxquels je suis résolu à consacrer toutes mes forces, jusqu'au triomphe de notre cause agricole liée si étroitement à l'avenir, à l'existence même du pays.

« J'aurais donc désiré vivement, ainsi que j'ai eu l'honneur de vous l'écrire il y a quelques jours, pouvoir me rendre à Epernay, me mettre en relation avec les Membres du Congrès agricole des départements de l'Est, et recevoir d'eux des indications utiles et un appui précieux pour la campagne à poursuivre, et c'est avec un grand regret que je me vois forcé d'y renoncer en ce moment ; j'ai eu l'honneur de vous en indiquer les motifs, et les circonstances ne les ont pas modifiés.

« Je vous prie, Monsieur le Président, d'agréer mes excuses et de vous en faire l'interprète auprès des Membres du Congrès qui avaient bien voulu désirer ma présence. Veuillez aussi recevoir encore une fois pour vous tous mes remerciements avec l'assurance de mes sentiments les plus distingués.

« COMTE DE SAINT-VALLIER. »

M. le Président. — Le Congrès renouvelle ses remerciements à M. de Saint-Vallier. Il entrerait, ce semble, dans ses vues, en demandant à M. le Ministre la publication de l'enquête faite dans le département de l'Aisne et dans le Nord.

Le Congrès appuie à l'unanimité cette motion.

Une copie de ce vœu pourrait être adressée d'une part à M. le Ministre de l'agriculture, de l'autre à M. de Saint-Vallier.

L'ordre du jour d'hier doit d'abord être épuisé. M. Marcel Dupont, professeur départemental d'agriculture de l'Aube, avait à nous entretenir de la fumure de la vigne, de son influence sur la végétation et ses produits. M. Marcel Dupont a la parole.

M. Marcel Dupont, professeur départemental d'agriculture de l'Aube, espérait qu'un autre prendrait la parole sur cet important sujet. On avait compté sur la présence au Congrès de M. V. Pulliat, notre grand ampélographe, le nouveau professeur de viticulture de l'Institut national agronomique. En son absence il n'a pas voulu refuser de donner quelques renseignements sur un sujet qui l'occupe avec beaucoup d'intérêt depuis plusieurs années.

La culture de la vigne est si importante que rien, de ce qui la touche, ne doit être négligé. Les fumures, notamment, ont une action très décisive et généralement peu connue sur la vigne et ses produits. Quels sont les meilleurs engrais de la vigne ? M. Gatellier, parlant hier de la betterave, l'a fait pressentir : La vigne est, comme la betterave, une plante à sucre et doit se montrer sensible aux mêmes éléments.

Ces éléments de l'engrais doivent varier, comme pour toute autre culture, suivant les sols, la nature et le résultat cherché. La science, heureusement, peut nous être un guide sûr. Les prescriptions reposent sur des expériences bien justes, des données maintes fois vérifiées. Que nous dit-elle donc ?

La vigne vit du sol et de l'air. On la trouve, dans les terres les plus arides, avec une belle végétation et donnant de beaux produits. On retrouve en elle beaucoup d'azote, on doit donc supposer, qu'à l'instar d'autres plantes, elle en prend beaucoup à l'air.

Los engrais azotés ont cependant sur elle une action très vive. Mis en trop grande quantité ou sous une forme trop assimilable, ils font pousser la vigne avec une vigueur prodigieuse. La vigne est folle, dit-on alors, elle se couvre de bois et de feuillage ; les grappes ne pouvant se former tournent en vrille, les raisins ombragés ne mûrissent pas.

On peut, à volonté, pousser ainsi follement la vigne, mais en mesurant l'azote, en le donnant en quantité voulue et sous des formes bien appropriées, la vigne, tout en se montrant vigoureuse, fournira d'excellents résultats.

Si, au contraire, l'azote vient à manquer, la plante végète, les récoltes sont faibles parce que le bois reste maigre et ne peut les nourrir.

Du sol, la vigne tire la potasse, l'acide phosphorique et la chaux.

On a cru longtemps que la potasse était ce que M. Georges Ville appelait la dominante de la vigne, c'est-à-dire l'élément de l'engrais qui se manifestait par les plus grands effets. La potasse, en effet, se trouve en grande quantité dans la vigne et, de la floraison à la maturité, émigre en grande partie dans le fruit. La potasse est le grand agent de la fructification. Mais cela ne suffit pas. Nous demandons à la vigne non seulement des grappes, mais des raisins bien constitués, riches en sucre, parce que la décomposition de ce sucre, dans la vinification, nous donne des vins alcooliques et de bouquet. C'est là, en fin de compte, le but de la culture de la vigne, et l'acide phosphorique, uni à la chaux, est l'agent le plus actif dont nous disposions pour y atteindre.

Nous pourrons dire que l'acide phosphorique est la dominante de la vigne pour la cuve, comme, d'après M. Gatellier, il était la dominante pour la betterave à sucre ; tandis que l'azote est la dominante du blé, dont on recherche la richesse en gluten.

La chaux est encore très importante. Elle concourt avec les autres éléments qui, sans elle, perdraient beaucoup de leur action. La chaux agit sur le bouquet des vins. On la trouve dans le sol ou sous-sol de tous les bons crûs et, s'il en manquait, il serait nécessaire d'en rapporter par des chaulages bien entendus.

Sous quelle forme faut-il donner à la vigne les éléments que je viens de citer ?

Il n'y a rien d'absolu ; chaque mode peut avoir ses avantages et ses inconvénients. Il suffit de connaître les uns et les autres pour agir en conséquence, et l'on se sert de ce que l'on a.

Les substances employées peuvent cependant se classer sous trois types : Le fumier, les matières organiques du commerce, les engrais chimiques.

Le fumier a été, et est encore le plus employé. Son usage demande des précautions. Il est riche en azote et pousserait volontiers à une végétation excessive. Il serait susceptible, dans certains cas, d'altérer le bouquet du vin, à cause des matières volatiles qu'il apporte ou produit par sa décomposition. On sait que certains de ces produits volatils se déposant sur les tissus, sur les raisins, communiquent aisément leur goût. Dissous et absorbés par les racines, ils ont encore les mêmes effets. On a souvent reproché, dans les vignobles à vins fins, aux boues de ville, aux engrais marins, la perte de qualité qu'amenait leur emploi, malgré les avantages d'une bonne végétation. On obvie, en partie, à ses inconvénients, en n'utilisant les fumiers qu'après les avoir mis en tas avec de la terre, pour former ce que l'on nomme des magasins, dans lesquels il se consume, et où on le reprend à l'état de terreau pour s'en servir. On reproche encore au fumier d'entretenir trop de fraîcheur, d'aider aussi à la végétation des mauvaises herbes.

Il est enfin d'un prix élevé et, par son poids, la place qu'il occupe, la main-d'œuvre qu'il nécessite, devient encore plus coûteux. C'est d'ailleurs un engrais presque complet, c'est-à-dire qui renferme les éléments essentiels. Je dis presque, parce que avec trop d'azote il manquerait souvent d'acide phosphorique et surtout de potasse.

Pour éviter la végétation folle que donne souvent le fumier, on a recours à des composés organiques fournis par le commerce, comme les cornes, cuirs, laines, etc. Ceux-là ont de l'azote, mais comme ils sont très lentement décomposables, il en faut mettre beaucoup pour en avoir assez à la fois ; delà un prix un peu élevé, car c'est un capital trop longtemps immobilisé. Ce engrais sont d'ailleurs généralement incomplets, au point de vue de la potasse ou de l'acide phosphorique.

Enfin nous arrivons aux sels, à ce que l'on nomme les engrais chimiques. Ici nous sommes bien plus libres. Nous pouvons choisir nos sources, arrêter nos dosages, prendre nos époques, de façon à ne confier à la terre que le moins longtemps possible ce capital engrais, dont la récolte doit nous rembourser.

L'azote peut être demandé à deux sources.

Le nitrate de soude, qui nous vient d'Amérique, et le sulfate d'ammoniaque, que l'on fabrique un peu partout.

Tous les deux sont bons, solubles et donnent l'azote sous une forme telle, que la vigne l'utilise parfaitement.

Les conditions d'exploitation dans lesquelles nous nous trouvons détermineront notre choix.

Dans nos pays froids et humides, nous avons tout intérêt, pour obtenir une meilleure maturité, à retenir les racines le plus près de la surface du sol. Le nitrate de soude, très soluble, facilement entraîné dans les profondeurs du sol, a l'inconvénient d'y appeler les racines. Le sulfate [d'ammoniaque, au contraire, a la propriété de remonter toujours. Nous avons donc intérêt à profiter de cette faculté du sulfate d'ammoniaque pour retenir nos racines superficiellement.

Cependant il faut dire que, dans les sols calcaires ou chaulés, il n'y a pas de choix. Le sulfate d'ammoniaque, immédiatement décomposé par la chaux, serait de nul effet; il faut prendre le nitrate de soude ou le nitrate de potasse, vulgairement le salpêtre.

La potasse peut être fournie par le nitrate de potasse ou le sulfate de potasse, ou les sels de Berre, ou, enfin, le chlorure de potassium. Les variations de prix, les facilités pour se procurer l'un ou l'autre de ces sels, dicteront le choix.

L'acide phosphorique devra être emprunté aux superphosphates ou bien au phosphate précipité. Dans tous les cas, il est allié à la chaux, qui se trouve ainsi donnée aux vignes sous une forme convenable.

C'est, répétons-le, la dose de phosphate dans le sol qui règle la dose de sucre dans le raisin. La connaissance de ce fait est pour nous capitale.

Nous mettrons donc des phosphates. Nous pouvons presque

en abuser sans crainte d'altérer la qualité du fruit; l'équilibre se fera.

L'engrais chimique devra contenir, en proportions suffi santes, les sels que nous avons cités, bien pulvérisés et mélangés, de façon à pouvoir fournir à la vigne tout ce dont elle a besoin.

Un engrais renfermant 4 p. 100 d'azote, 5 p. 100 d'acide phosphorique, 8 à 12 p. 100 de potasse, coûterait environ 22 fr. le quintal et, mis à la dose de 500 kilog. à l'hectare, suffirait aux besoins ordinaires de la vigne.

Cet engrais peut être acheté chez de bons fabricants, mais peut être mélangé chez le propriétaire, qui aurait alors à se procurer les matières premières.

L'époque la plus favorable pour l'application des engrais chimiques est l'automne. Les pluies d'hiver dissolvent l'engrais, le disséminent dans le sol et l'amènent à portée des racines. L'effet se produit alors la même année, à la première récolte. L'avance à faire est donc aussi courte que possible ; c'est plus avantageux.

L'engrais mis au printemps aurait une action incertaine. Tout dépendrait des circonstances climatériques. Les matériaux doivent, en effet, être à la disposition des racines, qui les absorbent dans ce temps relativement court, qui part du réveil de la végétation jusqu'après la fleur. Passé ce temps, la vigne vit sur son acquis, les éléments se déplacent dans ses tissus, mais il y a peu ou point d'absorption nouvelle.

M. Marcel Dupont a fini et veut s'excuser, mais les applau-dissements répétés lui montrent, ainsi que l'attention avec laquelle il a été écouté, combien les renseignements qu'il était venu donner ont été goûtés.

M. Gé-Dufaut demande si, avec ce genre d'engrais, il serait possible de provigner.

M. Marcel Dupont. — Il n'y aurait aucun inconvénient. L'engrais chimique nourrira la vigne mieux que tout autre ; il ne pourrait cependant remplacer un amendement, c'est-à-dire l'apport de substances capables de modifier l'état physique du sol. Chaque fois que l'on voudra employer l'engrais chimique, il faudra veiller avec grand soin que l'engrais ne touche pas les racines, mais en soit séparé par une mince couche de terre posée sur elles.

M. Bournon a essayé dans le lot de vignes dont il a la direction, et il s'en est parfaitement trouvé.

M. Vimont a employé les engrais de M. Ville depuis 1863-1864. Il a fait planter, provigner, assiseler ; il a répandu à la volée et labouré ; il ne s'est jamais produit aucun accident et les vignes ont magnifiquement poussé.

M. Robinet. — Mais pour provigner, on a besoin d'avoir de l'humidité pour obtenir une pousse vigoureuse. Le magasin que l'on met a donc ici une action bienfaisante.

M. Marcel Dupont. — Oui, mais on arriverait au même résultat, plus vite et plus sûrement, en forçant un peu la proportion d'azote.

M. *Mérendet* se demande s'il n'y aurait pas un grand choix à faire dans les fumiers ; ils sont loin d'avoir la même composition. Il se demande encore si les maladies dont on se plaint aujourd'hui, la pourriture des racines, par exemple, ne seraient pas amenées par certains fumiers.

M. Marcel Dupont ne croit pas que le fumier lui-même donne cette maladie désastreuse du pourridié. Certains fumiers sont, en effet, très productifs en champignons, mais non de l'espèce du *Rœsleria* ou pourridié. La présence du fumier, comme de toute matière organique en décomposition, peut offrir un terrain favorable à la multiplication du parasite. D'un autre côté, certaines vignes paraissent avoir plus volontiers une sorte de prédisposition à ce genre d'invasion. Ainsi les Gamais et les Meuniers sont partout les premiers attaqués, tandis que les bons Pinots demeurent indemnes. C'est une raison de plus pour soigner et cultiver de préférence nos bonnes espèces.

M. le Président remercie encore une fois M. Marcel Dupont et donne la parole à M. Robinet pour traiter la question du vinage et du sucrage.

M. Robinet lit le rapport suivant :

« Messieurs,

« La question du vinage devait naturellement s'imposer dans notre réunion, car nous sommes au milieu d'un pays essentiellement vinicole. Déjà des personnes d'une haute compétence ont discuté, à différents points de vue, les avantages ou les inconvénients de cette proposition. Je ne reviendrai pas sur ce qui a été dit pour ou contre. Je ne vous fatiguerai pas d'un long historique de la question, je me placerai immédiatement sur le terrain sur lequel je viens défendre le vinage à prix réduit, qui est, je le crois, favorable aux intérêts de la Champagne viticole et agricole.

« La solution de ces questions a été interprétée de différentes manières, selon les localités ; certains vignobles repoussent le vinage, d'autres le réclament à grands cris. Les besoins seuls servent de guides dans ces différentes manières de voir, et les idées d'ensemble sont absolument laissées de côté. J'imiterai donc mes devanciers, et je me poserai la question au point de vue des intérêts de la Champagne.

« Les vins de nos régions manquent en général de degrés alcooliques ; leur genre de fabrication, les voyages lointains qu'ils ont à supporter, leur nature même, exigent un degré assez élevé. On peut dire, sans crainte, qu'il ne doit jamais être inférieur à 11 p. 100 en volume. Hors, il est absolument reconnu que la moyenne de nos vins est loin d'atteindre ce titre. Il est bien entendu que je ne parle pas de quelques grands crûs qui y arrivent souvent, mais je parle des vins en masse de la Champagne proprement dite.

« Le commerce a donc besoin de recourir au vinage pour remonter ses vins au degré voulu, et pour cela il emploie des alcools d'un prix très élevé, soit sous forme d'esprit de Cognac à 82 degrés, soit sous forme d'eau-de-vie de la même provenance, à 55 ou 60 degrés.

« Les prix très élevés de ces produits viennent s'augmenter du droit énorme de 156 fr. 25 par hectolitre d'alcool à 100 degrés. Les vins se trouvent donc avoir des charges considérables. Je sais bien que ceux destinés à l'exportation sont dégrevés des droits sur les alcools, mais le commerce d'exportation, seul, profite de ce dégrèvement, tandis que le producteur et les spéculateurs ne jouissent en rien de cette prime d'encouragement accordée à l'exportation, et que je suis loin de blâmer.

« Le producteur, dans les mauvaises années et même dans les années médiocres, est souvent obligé de recourir au vinage pour rendre son produit vendable et même pour en assurer la bonne garde. S'il emploie des alcools, il est obligé d'en payer les droits, et le commerce ne lui en tient pas compte. C'est une augmentation de charges, souvent considérable pour lui, qui vient diminuer ses profits, déjà si limités, car il a à lutter, non-seulement contre les influences climatologiques, mais encore contre cette foule de parasites qui, depuis une vingtaine d'années, ne cesse d'augmenter et diminue la quantité des produits.

« Pourquoi ne pas donner à ce producteur les moyens d'assurer la bonne garde de sa récolte, en lui facilitant le vinage? c'est-à-dire en diminuant les droits des alcools effectivement versés dans les vins, en présence des employés de l'administration des contributions indirectes. Je ne parle, bien entendu, que de ce qu'on appelle en Champagne vins de cuvée, les vins de suite ou seconds vins j'aurai occasion d'y revenir. Le producteur est donc forcé de vendre le plus vite possible, car dans les conditions où le place le droit excessif du vinage, il ne peut le pratiquer, et comme il redoute les chaleurs de l'été, il vend, coûte que coûte, pour éviter ces risques.

« Il y aurait donc avantage pour le vigneron à voir adopter le principe du vinage à prix réduit. Pour le chiffre à fixer, c'est une question que j'examinerai plus tard, mais qui, en tous cas, ne doit pas excéder 25 fr. par hectolitre d'alcool pur, soit 0 fr. 25 c. par degré.

« Maintenant, si nous examinons la question au point de vue de la spéculation, c'est-à-dire des négociants qui achètent les vins au vignoble, les travaillent et les livrent en brut mousseux au commerce, nous nous trouvons en présence d'une irrégularité de traitement encore plus fâcheuse.

« Le négociant, qui expédie à l'étranger, est dégrevé des droits des alcools qu'il a ajoutés dans ses vins, tandis que le spéculateur paie l'impôt dans son entier. On objectera à cela que le montant de cet impôt entre en compte dans le calcul de son prix de revient; cela n'est pas absolument juste, le préjudice causé à cette catégorie d'industriels est très grand et les place dans des conditions de lutte commerciale bien inférieures à celles des négociants expéditeurs, pour lesquels, cependant, ils sont d'une grande utilité.

« Si les droits de vinage étaient ramenés à un taux raisonnable, les spéculateurs se trouveraient dans de bonnes conditions pour remonter leurs vins, et il existerait entre eux et le commerce d'importation, une égalité de traitement qui serait absolument logique.

« Le vinage à prix réduit s'impose donc comme une nécessité dans nos régions, car il aidera, sous tous les rapports, au développement de notre industrie vinicole.

« Si, laissant de côté les vins de cuvée, je passe à la question des vins d'alimentation journalière des classes ouvrières, à leur boisson, là plus que jamais le vinage devient une nécessité.

« Le prix élevé des vins de nos pays ne permet pas aux vignerons de les employer à leur consommation ; il faut qu'ils se procurent, par un autre procédé, une boisson saine et utile.

« Les vins du Midi sont également d'un prix trop élevé ; depuis l'invasion du phylloxera, leurs prix ont pris de telles proportions que le modeste cultivateur ne peut pas songer à eux. Il faut donc qu'il achète des vins de coupages faits dans le pays, par les négociants, au moyen de vins étrangers vinés en franchise à 15 p. 100 d'alcool, et de petits vins du centre.

« L'Espagne et l'Italie se chargent de nous fournir des vins vinés à 15 p. 100, tandis que nos vins français restent au lieu de production faute de pouvoir être vinés au degré voulu.

« A qui profite le vinage à prix élevé? Aux étrangers, et nos populations agricoles sont privées d'un aliment utile, sous prétexte de favoriser le Trésor.

« On a bien conseillé aux vignerons de faire des seconds vins, mais la question du sucrage s'est immédiatement présentée, et là encore nous répétons la même chose, que le vinage se fasse au moyen de l'alcool ou du sucre, c'est toujours la même réduction qu'on réclame.

« Cette question des seconds vins présente un intérêt particulier que je vais examiner; mais permettez-moi, Messieurs, avant, de vous entretenir de la question du sucrage au point de vue des vins de la Champagne en particulier.

« La difficulté de se procurer des alcools de vin absolument purs, et leur plus en plus grande rareté, ont décidé le commerce de la Champagne à pratiquer, sur une grande échelle, le vinage des vins au moyen du sucre.

« Comme cela on sait ce qu'on met dans le vin, il suffit d'acheter des candis de bonne qualité, chose assez facile. Mais ce vinage est coûteux, il faut 1 kilog. 700 gr. de sucre pour produire 1 litre d'alcool à 100 degrés. Mais, par contre, on introduit dans le vin, non-seulement de l'alcool, mais encore d'autres éléments qui viennent lui donner du moelleux, de la rondeur, tandis que le vinage avec l'alcool le sèche, comme on dit en terme pratique.

« Le vinage au moyen du sucre présente donc des avantages sérieux, mais il n'est pas d'une application aussi pratique que la simple addition d'alcool. Malgré cela, nous maintenons notre dire et demandons à ce que les droits sur les sucres destinés au sucrage des vins soient réduits au plus bas possible.

« Si, laissant de côté les grands vins, nous revenons à la boisson des ouvriers, nous nous trouvons en présence d'une nécessité encore plus évidente.

« Comme je l'ai démontré, le prix élevé des vins du Midi, la difficulté de faire voyager les vins du centre, vu leur faiblesse alcoolique et d'autres considérations, privent l'ouvrier des champs du vin comme boisson ordinaire, boisson utile cependant pour le soutenir. Pourquoi tolérer un semblable état de choses, quand on a sous la main un moyen positif de donner satisfaction à tout le monde.

« Le vinage à l'alcool peut nous aider, mais c'est le sucrage surtout qui vient nous donner tout ce que nous demandons.

« Les marcs de raisins ne sont pour ainsi dire pas utilisés, les vignerons en font ce qu'ils appellent des piquettes, affreuse boisson, sans vertus réconfortantes et de mauvaise garde ; d'autres les brûlent pour en faire de l'eau-de-vie de marc ; triste profit, car avant de détruire ces marcs ils peuvent faire des vins excellents et à des prix tellement raisonnables que leur consommation peut être assurée pour l'année.

« Parlant au point de vue de la Champagne, j'arrive à ce résultat pour le prix d'une pièce de second vin de 200 litres.

« Sur un marc qui a donné six pièces de tout vin, cuvée, taille et même rebêche, vous ajoutez 5 pièces d'eau, dans lesquelles vous avez fait fondre 136 kilogrammes de sucre. Après fermentation, vous retrouvez vos 5 pièces de vin qui coûtent :

« 136 kilog. de sucre à 102 fr. les 100 kilog, soit 138 fr. 70 ; ajoutez à cela 20 à 25 fr. de frais de manutention, et certes cela ne les coûte pas dans les campagnes. Vous avez du vin portant 8 p. 100 d'alcool, qui coûte 35 fr. la pièce de deux hectolitres.

« Si les sucres étaient dégrevés dans les proportions réclamées pour leur emploi au vinage, ce même sucre qui coûte 102 fr. les 100 kilog. pourrait ne coûter que 60 à 65 fr., ce qui permettrait de faire des seconds vins qui, tous frais payés, ne coûteraient que 22 fr. la pièce de deux hectolitres, 25 fr. au grand maximum.

« Voilà une mesure humanitaire qui s'impose d'elle-même.

« Si nous combinons le vinage alcoolique à prix réduit avec le sucrage, nous arrivons forcément à anéantir l'introduction en France des vins survinés de provenances espagnoles et italiennes.

« En effet, des seconds vins, faits dans de bonnes conditions et par des vignerons soigneux, forment un breuvage bien autrement agréable que des coupages de vins de raisins secs avec des gros vins d'Espagne. Il suffit pour cela d'opérer avec discernement, c'est-à-dire ne jamais faire de seconds vins en ajoutant plus de 13 kilog. 500 de sucre par hectolitre d'eau ; mais comme cela le vin n'aura qu'à peine 8 p. 100 d'alcool, on l'amènera à 10 p. 100 au moyen d'addition d'alcool d'industrie et on en assurera ainsi la bonne garde pour un temps suffisamment long pour qu'il soit consommé.

« Le sucrage et le vinage sont donc deux opérations qui sont liées ensemble, et dont un Gouvernement, jaloux des intérêts de ses administrés, doit favoriser le développement, en abaissant les droits du fisc, qui n'y perdra pas.

« Un dernier mot sur ces considérations un peu longues.

« On se plaint beaucoup, depuis quelques années, des fraudes des vins ; cela se comprend, plus le prix d'une marchandise est élevé, plus un certain commerce interlope cherche à la falsifier pour en augmenter la quantité et par cela ses bénéfices. Heureusement, c'est la grande exception, et je crois être l'écho de tous en déclarant que notre commerce de vins, en France, mérite toujours sa réputation de loyauté, malgré les attaques sans nombre et non justifiées dont il est l'objet de la part de certaines institutions créées pour le protéger et qui n'ont su que lui nuire.

« Si on veut combattre la fraude, il faut abaisser les droits ; le produit devenant bon marché, le fraudeur n'y trouvant plus son profit y renoncera. Appuyons donc de tous nos vœux la loi du vinage à prix réduit et l'abaissement du droit sur les sucres destinés à être fondus dans les vins ; vous ferez acte de patriotisme et vous aurez l'approbation de la classe nombreuse des consommateurs et des viticulteurs. »

M. Robinet, déposant son mémoire sur le bureau, est vivement applaudi.

Plusieurs Membres demandent des renseignements sur ce que l'on nomme les seconds vins. Ces vins sont-ils sains, sont-ils solides ; leur conservation est-elle d'une durée suffisante ?

M. Vimont, interpellé à ce sujet, prie *M. Marcel Dupont*, professeur départemental d'agriculture de l'Aube, qui a fait de ces vins une étude spéciale, de vouloir bien répondre.

M. Marcel Dupont affirme la qualité des seconds vins ou vins de sucre bien faits, tant au point de vue du goût, du bouquet, qu'à celui de l'hygiène. La composition chimique de ces vins est celle des vins des crus, une légère diminution s'observe seulement dans l'extrait sec, ce qui est peu important.

La couleur varie avec les espèces de raisins. Les vins sont très solides : bien faits, avec une fermentation qui n'a pas langui, il n'y a pas de germes d'altération : la fermentation reste vineuse. Il ne faut pas mouiller le marc avec une quantité d'eau plus forte que celle du jus précédemment exprimé, ni faire un sirop plus sucré que de nécessité. Pour lui, le choix du sucre est important. Il le faut exempt d'impuretés. Les glucoses donnent trop souvent des mécomptes. Le sucre de betteraves, en grains, tel qu'on le trouve dans nos sucreries, est excellent. Le type n° 3 de Paris doit être préféré ou, alors, les sucres raffinés en pains. Avec 35 kilog. de ces sucres, par pièce de 200 litres, en évitant à la cuve tout refroidissement, on obtient un vin dosant environ 10 p. 100 d'alcool, qui peut résister à toutes les conditions plus ou moins avantageuses où un vin peut se trouver ordinairement soumis.

Ce vin vieillit très bien en s'améliorant. Il a répandu autant qu'il a pu la pratique de ces seconds vins dans ses conférences, parce qu'il y a vu un moyen de venir en aide à notre industrie sucrière si menacée, en même temps que la meilleure manière de combler le déficit de nos récoltes en vins de boisson.

A ce titre, les vœux qui réclament l'abaissement des droits sur le vinage comme sur le sucrage ne peuvent qu'être chaudement appuyés.

Un membre. — Ne serait-ce pas encourager la fraude ?

M. Marcel Dupont. — La fabrication de ces vins est parfaitement licite. Je conseille aux propriétaires, aux vignerons, de les fabriquer pour eux. S'ils en vendent, je ne vois pas où serait l'inconvénient, à la condition de les vendre pour ce qu'ils sont, c'est-à-dire des seconds vins.

En dehors de cela il y a fraude, tombant sous le coup de la loi et punissable pour tromperie sur la qualité de la marchandise.

Cette fraude aurait l'avantage sur beaucoup d'autres de n'être pas nuisible à la santé, et il serait regrettable d'entraver une fabrication honnête et utile, sous le prétexte de fraudes possibles et qu'en tous cas on ne pourra empêcher.

M. Ameline de la Briselaine trouve la question du vinage à prix réduit, sous quelque forme qu'elle se présente, vinage à l'alcool ou sucrage, des plus intéressantes mais aussi des plus complexes. Il y a longtemps qu'on l'agite, qu'on la discute, non seulement dans les parlements, mais dans les vignobles, entre vignerons, et là, où il semblerait que l'avis dût être unanime, les avis les plus diamétralement opposés se font jour.

Le Nord réclame le vinage, le Midi le repousse. Le législateur, interdit, attend sans prendre un parti, et le Trésor trouve toujours là la meilleure part de son revenu.

Vous pouvez donc demander le vinage à prix réduit ; vous ne l'obtiendrez pas, la demande sera repoussée, le vinage est devenu une question électorale.

Le Midi est plus fort que vous, il sait mieux se faire entendre, il est mieux défendu !

Il ne veut pas du vinage, parce qu'il vine en franchise. La loi des bouilleurs de cru est là qui le leur permet.

Un membre. — Ils se gardent bien de brûler une partie de leur récolte, ils la conservent entière et vinent avec des alcools allemands qui ne coûtent rien et entrent avec un droit dérisoire, quand la contrebande ne les fournit pas.

M. Ameline de la Briselaine. — Eh bien ! oui. Le Midi vine à très bon compte ses vins. Les alcools étrangers entrent à flots par la grande porte des traités de commerce et viennent faire concurrence aux nôtres.

Un membre. — On n'entre même pas d'alcool en nature. Les

uns font passer la frontière à leurs vins français et les rentrent vinés à 15 1/2 p. 100. Avec le prix minime des vins, d'autres font venir des moûts espagnols, ou simplement de l'eau sucrée espagnole vinée à 15 1/2, avec les sucres et les alcools allemands, en ne payant toujours que le minimum droit d'entrée des vins.

M. Ameline de la Brisetaine. — L'intérêt du Midi est donc évident. Les facilités dont il profite et dont seul il est en situation de profiter, donnent de la valeur à leurs vins vinés, parce que ces vins viennent remonter ceux que le Nord ne peut relever à bon compte par ses alcools.

A toutes les demandes faites on objectait l'intérêt du Trésor. M. Léon Say, ministre des finances, a voulu lui-même un jour prendre ces vœux de dégrèvement sous sa haute protection. Il ne proposait pas le vinage en franchise, mais le vinage à prix réduit. Il ne s'inquiétait pas des dédoublements de vins qu'on lui opposait, de la diminution de recettes dont on le menaçait. Le Trésor, selon lui, se désintéressait de ces suites. Malgré cette intervention puissante, l'opposition a persisté et l'a enfin emporté.

Les circonstances n'ont pas changé. Il y a cependant quelque chose à faire. Il est juste que, par le vinage en conditions convenables, vous puissiez mettre en valeur vos petits vins trop faibles et les ameniez au marché.

Il est souhaitable qu'un accord intervienne enfin, au profit de l'intérêt général de l'agriculture, entre nos deux grandes industries agricoles, les vins du Midi et les alcools du Nord. Faisons donc un vœu dans ce sens, mais qu'il soit modéré pour avoir chance d'être accepté.

Je voudrais, pour cela, que M. Robinet, dont le rapport nous a tous vivement intéressé, nous donnât, en forme de conclusion, le texte d'un vœu et le taux des droits à réclamer, tant sur les alcools que sur les sucres.

M. Teissonnière, secrétaire général de la Société, et dont chacun connaît la haute compétence, aurait pu nous fournir des indications précises et des renseignements bien intéressants. Il devait venir assister à cette séance et prendre part à la discussion. Nous ne pouvons que regretter les empêchements qui nous privent de son concours. Je demanderai donc à M. Robinet de vouloir bien fixer le quantum des droits qui sembleraient le mieux convenir.

M. Robinet. — D'accord en cela avec la plupart de ceux qui se sont occupés, dans la presse, de la réduction des droits sur les alcools, j'ai indiqué, au cours de ma communication, le taux de 25 fr. par hectolitre ou 0 fr. 25 c. par degré. Pour les sucres...

M. Ameline de la Briselaine. — Pour les sucres, il y a un travail considérable émanant de la Société officielle d'agriculture, la Société nationale, et dû à l'illustre Dumas, que la science vient de perdre. On pourrait adopter ici les propositions faites par cette grande assemblée.

M. Robinet est de cet avis. Le droit sur l'alcool serait alors de .... 25 fr. l'hectolitre.
et celui sur les sucres, de............. 10 fr. le quintal.

M. le Président met aux voix la proposition ainsi formulée :

« Le Congrès des Agriculteurs de la région du Nord-Est émet le vœu que les droits à percevoir sur les alcools ou sucres destinés au virage, soient ainsi fixés :

« 25 fr. par hectolitre d'alcool ;

« 10 fr. par quintal de sucre. »

La proposition est adoptée à l'unanimité.

M. le Président rappelle que cette question du blé, qui a occupé toute la première séance, n'est pas épuisée. Il a fallu, pour suivre l'ordre du jour, l'interrompre ; mais rien n'empêcherait de la reprendre en ce moment. Il va donc donner la parole à M. A. Dudoüy, membre de la Société des Agriculteurs, qu'un récent voyage en Allemagne met à même de répondre d'une manière fort précise à quelques questions qui avaient été posées sur la culture du blé chez nos redoutables voisins.

M. A. Dudoüy, président de la Société d'agriculture et d'horticulture de Pontoise, s'était des premiers ému de la crise agricole qui sévit en ce moment. Sur l'initiative de la Société qu'il dirige, un Congrès, où se sont rendus une foule de notabilités, s'était réuni pour chercher un remède. Il avait été décidé qu'une commission serait envoyée en Allemagne pour étudier les procédés de nos rivaux et découvrir, si possible, les causes qui rendent leur industrie agricole prospère. La commission ainsi nommée a effectué un premier voyage vers le 24 mai. M. Dudoüy l'accompagnait.

L'étude s'est portée spécialement sur les betteraves, car c'est sur elles que, là-bas comme chez nous, repose toute amélioration féconde. Le blé vient ensuite. Mais tandis qu'en France la betterave est censée préparer la sole de blé, en Allemagne, c'est le blé qui rend possible la bonne et fructueuse exploitation de la betterave.

Ce que la Commission a vu là, elle doit le redire, dût son narré exciter chez ses auditeurs les sentiments d'étonnement et d'angoisses patriotiques qu'elle a elle-même éprouvés. La pire chose serait de se tromper soi-même. Mieux vaut regarder en face le péril, chercher à s'en rendre compte et y puiser tous les enseignements propres à le conjurer.

La commission n'a pas tout vu, mais elle a visité les territoires prospères où se cultive la betterave. De Magdebourg à Berlin, en passant par Halle-sur-Saale, elle a visité plus de 60 fermes.

Partout, sur son parcours, ce qui l'a frappée, c'est l'ordre, la propreté, la beauté des récoltes. Les betteraves sont vraiment admirables, telles que l'on en voit peu chez nous. Les blés sont d'une vigueur inouïe, comparables dans leur ensemble à ces belles touffes que, dans nos meilleurs champs, l'on voit se détacher de la masse par leur taille et leur couleur d'un vert sombre.

Tout respire, là-bas, l'ordre et la sécurité, la richesse et la force : nos milliards on passé là.

Dans sa brutale franchise, l'homme de fer nous a menacés d'un Sedan industriel et agricole, auprès duquel celui que nous avons subi lui-même pâlirait, et depuis tout a été mis en œuvre pour exécuter la menace.

La betterave devait être l'instrument rénovateur de la culture allemande, ce qu'elle avait été en France ; mais tandis qu'elle est devenue pour le Trésor une source de produit, là-bas elle s'est vue protégée, sa culture encouragée, ses dérivés entraînés à l'exportation par de fortes primes.

Avec le sens pratique que nous leur connaissons, les Allemands n'ont rien abandonné au hasard.

Les procédés culturaux étaient étudiés méthodiquement dans les nombreuses écoles d'agriculture qui couvrent le pays. Les questions d'assolement, d'engrais, étaient résolues ; les graines, dont l'importance était reconnue, étaient choisies avec soin.

Les récoltes varient de 30 à 40,000 kilog. à l'hectare ; elles renferment de 12 à 14 p. 100 et même 15 p. 100 en poids de sucre cristallisable et donnent 9 1/2 p. 100 au premier jet. Elles sont payées 30 fr. les 1,000 kilog, et avec des conditions avantageuses, qui constituent souvent une véritable majoration au profit du vendeur.

Les betteraves sont donc bien payées, mais parce qu'elles sont riches et que l'industrie est prospère.

Si tous les soins culturaux sont donnés en vue d'un bon résultat, le bas prix de la main-d'œuvre et son excellente qualité apportent un nouvel élément de succès. Les journées d'ouvriers varient de 1 fr. 25 à 1 fr. 75. Ceux-ci abondent ; s'ils manquent dans certaines contrées riches, il y en a de véritables pépinières en Silésie, en Pologne, et ils semblent tous posséder à un assez haut degré l'esprit d'ordre et de travail.

L'impôt sur la betterave est minime, 20 fr. par 1,000 kilog., supposant un rendement en sucre de 8 à 9 p. 100, et ce rendement va ordinairement de 12 à 15 p. 100 : il y a donc là une première prime à la bonne qualité et à la fabrication. De plus, le drawbach est de 5 fr. pour les sucres exportés. Le sucre revient ainsi à 28 fr. ou 30 fr. le quintal.

Pour obtenir ces résultats magnifiques, les Allemands ont abandonné les pratiques que nous avons encore, il font toujours précéder leurs betteraves d'une céréale et quelquefois de pommes de terre abondamment fumées.

On applique à cette tête de rotation une fumure de 30,000 kil. de fumier et, suivant les terrains, soit de l'azote, soit de l'acide phosphorique. Le tout est enfoui par un bon labour à 0 m. 16 c. ou 0 m. 18 c. Les parties solubles du fumier suffisent à la première récolte, le reste se trouve prêt pour la betterave.

La betterave ne reçoit jamais de fumier directement. La récolte de blé enlevée, la terre est labourée, parfaitement ameublie et reçoit de 300 à 350 kilog. de nitrate de soude ou de sulfate d'ammoniaque, et 600 kilog. de superphosphate, à l'hectare.

L'orge qui suit, ordinairement l'orge Chevallier, ou le blé, ont une nouvelle application de 30,000 kilog. de fumier.

Et tout cela est parfaitement rationnel. Le cultivateur allemand sait que le fumier, engrais d'une décomposition lente, ne peut convenir à une plante qui, comme la betterave, ne reste que cinq mois en terre et doit puiser tous les éléments de sa constitution, dès les premiers mois de sa vie. Il sait que le fumier, mis dans le sol au printemps, n'est en état de fournir des aliments à la betterave qu'à la fin d'août et de septembre, alors que les pluies et les chaleurs des mois d'été l'ont mis en décomposition suffisante, et qu'alors il imprime à la betterave une recrudescence de végétation foliacée nuisible à sa richesse. Il sait encore que le fumier non décomposé entrave, par sa paille, l'évolution souterraine de la betterave et la rend fourchue et racineuse.

Toutes les cultures sont faites en lignes, même l'avoine, et toutes sont binées avec soin.

Les blés sont semés à 0 m. 22 et binés à la main ou avec des bineuses spéciales. Les semis sont peu drus ; on ne sème, en effet, que 150 à 160 litres par hectare. Malgré cela les rendements de 40 hectolitres sont ordinaires dans les bonnes terres, et les mauvaises atteignent encore des rendements de 32 à 35 hectolitres.

Il ne faudrait pas croire que, malgré leur prospérité, les Allemands se désintéressent de la concurrence étrangère. Ils en souffrent comme nous, mais se défendent mieux que nous. Ils se groupent et s'associent, et le Gouvernement leur vient en aide par tous les moyens en son pouvoir.

La concurrence atteint surtout chez eux la distillerie. Celle-ci s'alimente exclusivement de grains et de pommes de terre. Les betteraves sont conservées pour la fabrication du sucre.

Les Allemands s'attachent, en fait de betteraves, aux espèces riches en sucre et, pour les céréales, aux espèces productives.

M. Gatellier condamnait hier, au point de vue de la meunerie, les espèces anglaises, il les voulait à grains longs et pas blancs ; les Allemands n'ont pas de ces finesses. Le blé qui a leurs préférences est un blé d'Écosse, rond et blanc, à paille forte et peu sujette à la verse.

Cette dernière qualité devient pour eux importante, à cause de leurs grosses fumures. Ce blé, nommé le « Shériff square headed », ne verse jamais. Cela peut tenir aussi aux binages soignés et répétés qui s'exécutent pendant la végétation et aèrent le sol, en le débarrassant des mauvaises herbes.

M. Ponsard demande si tous ces avantages ne sont pas dus au bas prix des salaires? A ce compte, les propriétaires sont riches, mais les ouvriers agricoles misérables. Voilà ce qui, à aucun prix, ne saurait nous convenir.

M. Lambert (des Vosges) connaît bien l'Allemagne. Il est voisin de la partie allemande du Luxembourg et sait ce qui s'y passe.

Là, aussi, le propriétaire exploite avec avantage, parce que les ouvriers sont travailleurs, consciencieux et fort mal rétribués.

La misère du paysan allemand est extrême ; sa vie est faite de privations. Il habite des maisons en terre, mange un gros pain noir et ne boit jamais de vin. Le dimanche, il va au cabaret pour se distraire et là, réunis, ils se mettent à trois pour boire une bouteille de bière, que l'on vend à bon compte mais qui doit être bue sans verres. Cette vie serait intolérable à nos ouvriers.

M. Ponsard. — Nous n'en voulons pas pour eux.

Un membre. — Il ne manque pas, même en France, de contrées où la situation de l'ouvrier agricole se présente avec les mêmes traits, sans que cependant on puisse le déclarer malheureux. Sobre, économe, il n'a pas les besoins que d'autres se sont faits, et s'il paraît privé de certaines jouissances, on peut dire qu'il n'en éprouve pas la privation. Le point intéressant serait de savoir si, malgré ces mêmes salaires, l'ouvrier peut vivre, élever sa famille et ramasser pour ses vieux jours.

M. Lambert répète que les cultivateurs allemands lui semblent malheureux, mais que, cependant, grâce à leur travail et à l'esprit d'ordre qui les anime, beaucoup peuvent amasser, arriver à la propriété ou à une petite aisance ; tandis que, trop souvent chez nous, l'ouvrier, malgré des salaires élevés, se trouve pris au dépourvu quand arrivent l'âge, la famille ou les maladies.

M. Mousseaux père demande si en Allemagne les fermiers sont malheureux comme les cultivateurs dont on vient de parler.

M. Lambert — Les fermiers, comme les propriétaires, sont heureux ; l'ouvrier seul pâtit en raison des salaires trop minimes. Du reste, l'ouvrier allemand a un avantage, il est généralement bien instruit de ce qui concerne sa profession. Les études sont poussées très loin en Allemagne ; les stations, réparties sur tout le territoire, ont répandu les saines notions agricoles. On a dit que nous avions été battus par les maîtres d'écoles allemands : au point de vue de l'instruction agricole, nous aurions encore à leur emprunter.

M. Dudoüy n'a dit et répété que ce qu'il a vu et constaté en compagnie de beaucoup d'autres. Le capital est certainement bien rémunéré. Il l'est peut-être trop et le travail trop peu. Ce sont là des questions de proportions qu'il est difficile de résoudre à distance. Ce qu'il y a de certain, c'est que, grâce peut-être à la fixité des relations, à la bonne entente qui règne entre les diverses catégories de cultivateurs, l'ouvrier n'arrive pas à la misère. Les travailleurs, dans les champs, dans le travail, sont très propres, bien tenus, on dirait même cossus ! Les femmes aiment les couleurs voyantes, leur costume est très coquet et tout le monde semble gai.

Puisque l'on a parlé des écoles, il y a une pratique qu'il serait bien désirable de voir importer chez nous.

On a voulu, en Allemagne, l'instruction pratique du peuple ; on a voulu lui donner ce qui pouvait lui être utile dans sa situation, la lui faire aimer, l'y retenir. Voici ce que l'on fait dans les cantons agricoles.

L'école, avec son enseignement grammatical, est d'obligation tous les matins, de 8 heures à 11 heures. Après ce temps, au moment des travaux, les enfants sont libres ; ils accompagnent aux champs leurs parents, jouissent du grand air et de l'exercice, apprennent leur état et rendent quelques services que l'on paye 0 fr. 60 c. Les binages, démariages, etc., etc., offrent à ces enfants un exercice à leur portée, qui les dispense de nos programmes de gymnastique. L'enfant paye ainsi une partie de son élevage ; les familles sont nombreuses en Allemagne et il y a là encore, pour nous, un enseignement et un grand danger.

M. Déjardins, directeur de la sucrerie d'Épernay, a fait un voyage en Allemagne, en visitant surtout les centres de Cologne, Breslau et Magdebourg. Il est tout à fait d'accord avec M. Dudoüy pour les renseignements qu'il a apportés. Les cultures sont superbes, les betteraves riches, les usines armées des outils les plus perfectionnés.

La terre est excellente, meuble, noire, sablonneuse.

La betterave peut y piquer à son aise. Les terres sont très chaudes et la betterave y mûrit bien.

Dans ces contrées riches les bras manquent un peu, comme chez nous ; mais ils y suppléent par les escouades de polonais, qui ne leur manquent jamais.

Partout les autres récoltes sont belles. Les fourrages sont rares. On ne voit pas de luzernes. Pour nourrir les bœufs, les moutons, qui nous envahissent maintenant, on compte surtout sur les résidus de la fabrication.

Voici les prix de culture, de location, etc., relevés dans une grande usine de la Saxe :

Renseignements provenant d'une grande culture de la province de Saxe

	MARK	PRIX par morgen	PRIX par hectare
Pour labourer la terre à l'automne............	6	7f 50	30f »
» herser et rouler................	4	5 »	20 »
» semer par touffes ou en lignes...........	4	5 »	20 »
» biner trois fois, à 5 marks par fois	15	18 75	75 »
» démarier....................	3	3 75	15 »
» arracher....................	12	15 »	60 »
» ensiloter et couvrir avec la terre...........	4	5 »	20 »
Totaux.........	48	60f »	240f »
Location de terre par morgen 0 h. 2553..........	57	71 25	285 »
Valeur du morgen................	2000	2500 f	10000f

La main-d'œuvre pour travaux des champs revient par jour à :

Hommes, 2 marks   2 fr. 50.

Femmes, 1 »   1 25.

50 kilog. de betteraves françaises sont payés 1 mark ou 1 fr. 25, moins 10 p. % pour les impuretés, déchet.

50 kilog. de betteraves allemandes sont payés 1 mark 30 ou 1 fr. 63, moins 10 p. % pour les impuretés, déchet.

Produit de la terre.

	PAR MORGEN 0 h. 25	PAR HECTARE		
	Scheffel (55 litres)	Hectol.	Poids.	Quinta.
Froment	18 à 42 k 50	38 80	77 30	30 »
Seigle....................	14 à 41 50	30 80	75 50	23 25
Orge.....................	20 à 37 50	44 »	68 20	30 .
Avoine...................	24 à 25 »	52 80	45 40	23 97
Poids et vesces...........	16 à 45 »	35 20	81 80	28 79
Betteraves................	8000 k			32000k
Pommes de terre...........	5000 k			20000k

La main-d'œuvre est ici un peu plus élevée : 2 fr. 50 les hommes et 1 fr. 25 les femmes ; nous sommes encore loin de nos prix. Ces frais s'élèvent à 240 fr. et la location de la terre à 285 fr. de l'hectare.

M. Ponsard. — Mais tout cela est plus cher que chez nous.

M. Déjardins. — Certainement la valeur des terres est de 10,000 fr. de l'hectare. La main-d'œuvre est plus chère, mais meilleure ; le travail est plus productif.

L'ensilotage se fait aux champs et à la charge des cultivateurs. Les betteraves arrivent saines à l'usine et au fur et à mesure des besoins de la fabrication.

Ce que l'on a dit de la richesse de leurs betteraves est exact. Nos betteraves sont excellentes, beaucoup d'industriels allemands tirent leurs graines de France ; cependant, ils payent plus cher les betteraves de graines allemandes que les nôtres.

Les lois sont toutes faites pour protéger leur fabrication, les pousser au progrès, qui se trouve récompensé par des bénéfices, et enfin encourager cette exportation qui nous tue.

M. Ponsard. — C'est toujours la même chose. Ce qui nous arrête et fait notre infériorité, ce sont nos lois. Ainsi, tandis qu'en Allemagne chaque ferme a sa distillerie, nous avons dû abandonner toutes nos distilleries agricoles. Les droits, les exigences de la régie, les rendent impossibles.

M. Mérendet. — J'ai, en effet, une distillerie dont les résidus entretiennent mon étable de vaches laitières. Si ceci m'est avantageux, l'opération de la distillation elle-même est onéreuse. Je paye plus de droits en un jour qu'une opération semblable en un an dans le Luxembourg.

M. Ameline de la Briselaine. — Il est bien certain que les impôts allemands, moins élevés que les nôtres, sont combinés de façon à forcer la production, à encourager l'exportation. La loi allemande dit, en effet, au fabricant : Je vais frapper d'un impôt tes betteraves, parce qu'il me faut de l'argent ; je le frapperai en supposant une richesse de 8 à 9 p. 100 ; mais comme tu l'auras, quand tu voudras, à 14 ou 15 p. 100, il y a là un premier bénéfice dont il dépendra de toi de profiter. Puis, quand tu auras fabriqué et que tu exporteras ton sucre, je te donnerai une prime de 5 fr., non-seulement sur l'impôt que j'aurai perçu, mais sur toute ta fabrication ; de là, pour toi, un second bénéfice, qui diminuera ton prix de revient et rendra plus facile la lutte que tu dois soutenir.

Pour obtenir la betterave riche, qui fait la meilleure part de ton boni, tu as besoin du cultivateur ; tu le stimuleras, tu payeras ses efforts, ses réussites, et ta richesse s'étendra sur lui.

Or, il est arrivé que la prime à l'exportation, en raison même de cette différence laissée par la loi entre la teneur réelle en sucre et celle imposée, il est arrivé que la prime à l'exportation a menacé d'absorber tout l'impôt perçu. Et alors, des économistes, des financiers, sont venus dire : « Relevons les droits, les bénéfices sont maintenant trop considérables, le Trésor va se trouver en perte. » Mais le ministre s'y est opposé ; il n'a pas voulu laisser étrangler, sous prétexte de petites économies, la vraie poule aux œufs d'or...

M. Ponsard. — L'intelligent ministre allemand avait besoin, pour réussir, de compères imbéciles ; or, nous le savons, il les a trouvés.

M. Ameline de la Briselaine. — A qui s'en prendre, car il faut conclure cette longue causerie. En France, nous nommons nos législateurs, ceux qui font les lois, les tarifs de douane, votent les impôts. En Allemagne, c'est bien un peu comme cela, mais l'intelligent ministre a bien soin de désigner ceux qui conviennent à cette besogne. A côté de lui, les cultivateurs se réunissent, se groupent, nomment leurs candidats avec mission spéciale de défendre les intérêts communs ; telle de ces associations compte ses adhérents par milliers.

Le Gouvernement va-t-il en prendre ombrage ? Pas le moins du monde, et le terrible chancelier les encourage, les protège, tout en comptant s'appuyer sur elles.

Il y a là encore un exemple. Ne nous plaignons donc pas. Entendons-nous et nommons qui saura ou voudra nous défendre. Hors de là, ne nous en prenons qu'à nous-mêmes.

M. Ponsard. — C'est la vérité. Nous n'avons pas d'autre moyen d'arriver à la transformation de lois qui nous ruinent. Quant à la richesse, nous l'aurons quand nous voudrons : nous l'avons, puisque l'étranger vient chez nous chercher ses graines. Notre sol peut produire tout ce qui est nécessaire à notre industrie, mais il faut s'entendre.

La culture ne peut tirer elle-même parti de ses produits : c'est le fait de l'industrie. Elle fournira à l'industrie ce qu'elle voudra, à une condition, que l'industrie le lui dise. Or, lorsque nous questionnons, on ne nous répond pas. Ainsi, j'ai questionné les marchands de laines, et je leur ai dit : quelle laine voulez-vous ? Ils n'ont pas répondu.

J'ai demandé aux meuniers : quel blé voulez-vous ? et vous avez entendu hier leur réponse. Il y a ici des fabricants de sucre, je leur demanderai encore : quelle betterave vous faut-il et nous vous la donnerons. — Personne ne répond.

M. le Président. — L'heure est trop avancée, nous devons clore cette conversation sans avoir épuisé le sujet. Ainsi la question de culture et du prix de revient du blé, dans nos contrées, n'a pu être abordée. Il nous faut suivre l'ordre du jour.

La séance de l'après-midi sera occupée par la discussion des récompenses offertes par la Société.

La séance est levée.

Séance du Vendredi 6 Juin.

Présidence de M. J. de FELCOURT.

Au moment où M. le Président prend place au fauteuil,
M. Ernest Menault, inspecteur de l'agriculture, président du
Concours régional, entre dans la salle suivi de nombreux délé-
gués de Comices, et monte au bureau

M. le Président, devinant le malentendu qui pouvait résulter
de la similitude de l'ordre du jour du Congrès avec les programmes officiels, en prévient M. l'Inspecteur.

Celui-ci insiste courtoisement, disant que la salle des fêtes est
occupée par une répétition théâtrale et que celle-ci lui a été
désignée.

M. le Président de Felcourt explique que la désignation faite
à M. l'Inspecteur provenait évidemment d'une erreur. La salle du
Congrès appartient à une Société, la Société d'horticulture
d'Epernay qui, affiliée à la Société des Agriculteurs de France,
donne l'hospitalité aux membres du Congrès réuni sous ses
auspices. Nul ne pouvait donc en disposer. Mais il est certain
d'être l'organe de tous ses collègues, en offrant à M. l'Inspecteur
de lui céder la place le temps nécessaire à la réunion des délégués
des Comices de la région qu'il doit présider.

M. l'Inspecteur remercie vivement M. le Président de son
offre obligeante et dit que deux heures suffiront.

M. le Président de Felcourt lève la séance du Congrès, qui
sera reprise à quatre heures.

En ouvrant la séance à 4 heures précises, M. de Felcourt
espère que sa conduite aura l'approbation de tous ses collègues.
La Société des Agriculteurs s'est faite le grand serviteur de la
cause agricole. Les taquineries, souvent mesquines, qu'elle peut
rencontrer, ne lui feront point oublier le but qu'elle poursuit.
L'assemblée, à qui il a offert l'hospitalité au nom du Congrès, se

composait des délégués de tous les Comices de la région. Il y avait là, pour eux, une occasion officielle de faire entendre leur voix, et il importait de la leur ménager. En venant en aide à l'administration, dans son embarras, il a donc volontairement oublié le mauvais vouloir que celle-ci venait de témoigner à notre Société, en refusant les médailles offertes et en lui interdisant l'accès de la tribune officielle pour la distribution de ses récompenses. Il est d'ailleurs dans les traditions de la Société des Agriculteurs de France de rendre le bien pour le mal.

M. Mérendet dit que la chose est d'autant plus facile, dans les circonstances présentes, qu'il peut répéter ici, ce que chacun sait comme étant de notoriété publique, à savoir que toutes les administrations, celle de l'agriculture comme celle de la ville ou les divers comités nommés par elle, se sont prêté, sans aucune arrière-pensée, l'appui mutuel le plus constant et le plus dévoué. Tout le mauvais vouloir, tous les embarras contre lesquels il a fallu lutter pour amener à bien l'œuvre du Concours régional, sont venus de la même source, de l'administration préfectorale seule ; tout le monde en a à son tour souffert, et le refus opposé aux demandes de la Société en est une dernière manifestation. L'administration de l'agriculture, l'administration municipale. avec qui nous avons toujours eu les rapports les plus bienveillants, ne sauraient donc en être rendus responsables.

Les applaudissements, qui éclatent de toutes parts, prouvent à ces Messieurs qu'ils ont été les interprètes fidèles des sentiments de l'assemblée.

M. de Felcourt expose que, dans tous les Concours régionaux, une délégation est chargée d'attribuer et de décerner, au nom de la Société, les récompenses suivantes : un objet d'art, une médaille d'or, deux médailles d'argent, trois médailles de bronze. Chacune de ces récompenses est accompagnée d'un diplôme. La délégation avait été nommée comme de coutume, mais le Congrès étant réuni se trouve être la délégation la plus naturelle de la Société, héritant de tous ses droits. Nous devons donc, en ce moment, d'après l'ordre du jour, régler l'attribution des récompenses offertes.

Les candidats sont nombreux. Les uns se sont proposés d'eux-mêmes par des lettres qui exposent leurs titres ; d'autres sont désignés par des groupes de collègues ou des Sociétés agricoles ;

enfin, il y a des propositions tendant à affecter certaines de ces récompenses à des expositions spéciales connexes du Concours : l'exposition viticole et industrielle et l'exposition d'horticulture.

Les noms mis en avant sont ceux de : M. Ponsard, président du Comice central de la Marne ; M. Ch. Lhotelain, président du Comice de Reims ; M. Vasseur, vice-secrétaire du Comice d'Epernay ; M. J. Mousseaux, directeur de l'Union agricole de la Marne ; M. Léon Mabile et M. Momeby, constructeurs.

D'autres pourraient encore être proposés par l'assemblée, qui est souveraine en cette nature. Mais il serait peut-être bon, avant de passer à la discussion, de régler de suite une question de principe qui a déjà été soulevée.

La délégation entend-elle borner son examen aux mérites de candidats ayant pris une part effective au Concours régional ; ou veut-elle l'étendre, en dehors du Concours régional, à des faits intéressant l'agriculture et à leurs auteurs.

M. de la Valette pense que l'on ne doit pas s'écarter de l'esprit qui a toujours animé la Société. En offrant ses récompenses à l'occasion des Concours régionaux, elle n'a pas voulu récompenser autre chose que des faits produits au Concours même. Il estime donc que là doit se concentrer l'examen de la délégation.

M. Vimont regrette de ne pas partager l'opinion de M. de la Valette. Les instructions fournies par la Société sont conçues dans un esprit beaucoup plus large. La délégation, affirment-elles, a pleins pouvoirs. Elle peut aller chercher ses lauréats dans le vaste champ du Concours régional, après entente avec M. le Commissaire général. Si, en principe, elle devait se confiner dans ces limites, on l'a déjà fait remarquer avec raison, à moins de venir doubler les récompenses officielles, les siennes ne s'adresseraient plus qu'à un Concours de refusés. Or, il est de toute évidence que la Société des Agriculteurs de France n'a jamais pensé offrir ses plus hautes récompenses en des conditions d'infériorité constante. Plus généralement, disent les instructions, elles s'appliquent à des exposants des expositions et concours que les Sociétés ou Comices agricoles ont pris l'habitude d'annexer au Concours officiel, et qui ne participent point aux récompenses de l'Etat. Or, nous avons ici, dans ces conditions, deux expositions remarquables que M. le Président a désignées.

Enfin, comme la délégation a pleins pouvoirs, rien ne l'empêche d'aller rechercher au dehors les faits marquants intéressant l'agriculture, les services signalés dignes d'exemple ou de récompense. Les précédents sont nombreux. En 1882 seulement, l'objet d'art a été décerné à un pépiniériste, pour l'ensemble de son exposition ; à des Sociétés d'agriculture et Comices, pour leurs expositions collectives ; à des constructeurs ; à un agriculteur, pour l'ensemble de son exploitation remarquable et d'un bon exemple, etc., etc.

On ne saurait donc montrer, dans l'esprit qui a toujours animé la Société, l'obligation de limiter la recherche des lauréats au seul champ du Concours régional.

M. Gaston Chandon de Briailles insiste vivement. Il est chargé de deux expositions considérables, en dehors du Concours régional, par conséquent dans les conditions où, le plus généralement, les récompenses de la Société sont attribuées.

Il serait donc très flatté de voir ces hautes récompenses, auxquelles on attache tant de prix, réservées pour l'une ou pour l'autre de ces expositions.

L'exposition viticole est une des plus intéressantes qu'il y ait en ce moment. Tout ce que l'industrie vinicole a de plus perfectionné se rencontre là. La viticulture a été moins favorisée ; ses programmes ont été écourtés, les récompenses diminuées. Inutile de redire l'auteur de ces mutilations. Cependant, le Concours reste ouvert. Les jurys, qui viennent d'être nommés, ne tarderont pas à fonctionner. La culture ne peut être resserrée dans l'enceinte, toujours trop étroite, d'une exposition. Pour la juger, il faut aller le faire sur place. Les commissions parcourront donc les vignobles et rencontreront, certainement, des exemples fort remarquables, en tous cas fort intéressants et dignes, plus que quelqu'autre objet que ce soit, de récompense, puisque la viticulture est, en somme, l'industrie nourricière de la contrée, la source de ce vin si français dans son origine et ses qualités, si universel par son aire de consommation.

La Société d'horticulture d'Epernay, société considérable, comptant plus de 2.000 membres, affiliée à la Société des Agriculteurs de France depuis sa fondation, et heureuse de lui offrir aujourd'hui l'hospitalité, la Société d'horticulture d'Epernay a une exposition des plus remarquable. Elle ouvrira officiellement demain, mais une délégation qui voudrait en juger dès maintenant, se verrait ouvrir les portes toutes grandes. Elle est riche, indépendante et, plus heureuse que bien d'autres, a vu les récompenses mises à la disposition de son jury affluer avec une réelle prodigalité. Si donc, en sa qualité de président, M. Chandon de Briailles se permet d'insister d'une façon toute particulière, c'est que l'on tenait en estime singulière une récompense émanant de la grande Société des Agriculteurs de France.

M. Mérendet, président du Comice d'Epernay, tout en confirmant ce que vient de dire M. Gaston Chandon, soutiendra cependant, au nom de son Comice, M. Mousseaux, directeur de l'Union agricole de la Marne, lauréat de nos concours départementaux, que tout désignait à celui de la prime d'honneur, et qu'un retard de quelques jours, dans les formalités de la demande, a empêché de prendre rang.

M. Mousseaux remercie M. le Président du Comice d'Epernay et ceux de ses collègues qui avaient bien voulu penser à lui, mais, déposant toute prétention personnelle, il serait heureux de voir l'objet d'art de la Société des Agriculteurs de France réservé pour la viticulture; il appuierait donc de tout son pouvoir la proposition de M. Chandon.

M. Roberts considère comme impossible cette solution. Le Congrès ne peut juger des cultures de vigne, il devrait se séparer sans avoir rien décidé, s'en remettre à une sous-délégation qui n'est pas prévue par les instructions. Il faudrait donner un blanc-seing à cette délégation et l'ordre du jour est formel : nous ne devons pas nous séparer sans avoir décerné les récompenses ; il demande que la discussion soit ouverte.

M. Paul Genay, président du Comice de Lunéville, n'est pas de l'avis de M. de Lavalette. Il ne croit pas à la nécessité de se renfermer dans les limites du Concours régional. Là, en effet, en raison du programme, tous les faits marquants sont généralement récompensés. Il s'en suit que les récompenses de la Société iraient doubler les récompenses officielles, sans profit, ou seraient attribuées à des concurrents malheureux, à moins qu'il ne se trouve, par extraordinaire, une lacune dans les programmes n'ayant pas permis de récompenser ce qui eût été digne de l'être.

L'attribution à une Société, si méritante fût-elle, lui semblerait fâcheuse, à cause de son objet impersonnel, alors que nous

avons là des hommes dont les noms sont sur toutes les lèvres,
dès longtemps connus, éprouvés, signalés par de grands et longs
services rendus, et sur lesquels se ferait immédiatement l'union
des suffrages.

M. de Felcourt, président, résume la discussion. L'idée dominante lui semble être celle-ci : « Le concours aux récompenses
de la Société est ouvert aux agriculteurs des sept départements
composant la région, à la seule condition qu'ils figureraient, à
un titre quelconque, en qualité d'exposants au Concours
régional. »

Cette proposition, mise aux voix, est approuvée à une grande
majorité.

M. de Felcourt. — La question de principe, qui vient d'être
tranchée, a pour résultat immédiat de placer hors concours deux
expositions remarquables qui ont ici toutes les sympathies.

Nous devons un témoignage tout particulier à M. Gaston
Chandon de Briailles et à sa brillante Société, qui nous donne ici
une hospitalité magnifique. Il propose, en conséquence, de
décerner à la Société d'horticulture d'Epernay, un diplôme
d'honneur. — Acclamations répétées.

La viticulture ne doit pas être oubliée. Ce que nous ne
pouvons lui donner en ce moment, le Conseil de la Société peut
l'accorder, et nous nous portons forts, mes collègues et moi, de
l'obtenir avec l'appui du Congrès. Je vous proposerai donc le
vœu suivant :

« Considérant que l'industrie viticole champenoise est une de
nos gloires nationales; que l'exposition d'Epernay, par le nombre
et la qualité des objets exposés, par l'importance des concours
établis entre viticulteurs, enfin par sa longue durée et les enseignements qu'elle porte, dépasse de beaucoup les simples
proportions d'une annexe de Concours régional, le Congrès à
émis le vœu que le Conseil de la Société des Agriculteurs de
France veuille bien mettre à la disposition des organisateurs,
une médaille d'or, une médaille d'argent et deux médailles de
bronze. »

Le vœu est émis à l'unanimité.

Le Congrès se trouvant suffisamment éclairé sur le mérite
des divers candidats, il est procédé au vote immédiat et au
scrutin secret.

Une sous-commission est désignée pour se rendre de suite sur le Concours pour régler quelques points de détail.

M. le Président annonce que la distribution solennelle des récompenses aura lieu demain, à deux heures précises, et lève la séance.

M. Ponsard avait apporté de nombreux échantillons de blés provenant de ses cultures, qui sont examinés avec grand intérêt. L'heure avancée met fin à ces utiles communications.

M. *de Felcourt*, président. — L'ordre du jour appelle ce matin la dernière question qui nous reste à traiter, celle des prairies temporaires. M. Paul Genay, président du Comice de Lunéville, a bien voulu se charger de nous l'exposer. M. Paul Genay a la parole et je le prie de venir prendre place au bureau.

M. *Paul Genay* n'a pas voulu décliner l'invitation qui lui a été faite de venir traiter au Congrès une question qui avait déjà, à diverses reprises, occupé le Comice de Lunéville. Il s'efforcera d'être sobre, pratique, comme il convient à des cultivateurs qui veulent s'éclairer; il ne dira que ce que sa pratique personnelle lui a enseigné, ou ce qu'il lui a été donné d'observer.

La situation de l'agriculture est fâcheuse. La propriété, délaissée, ne se vend plus; la terre se loue difficilement et le loyer en a baissé de 25 à 50 p. 100. C'est un indice certain des souffrances endurées par tous et des pertes subies par les fermiers.

A quoi tient cette crise aiguë? On cite l'influence de mauvaises années, la concurrence étrangère, la hausse des prix de main-d'œuvre et de toutes les fournitures agricoles. Toutes ces causes agissent avec plus ou moins d'énergie, mais le résultat final demeure et oblige le cultivateur à se retourner.

S'il examine ses frais de production, d'une part, les prix de vente de l'autre, il verra que les prix de production ayant considérablement et partout augmenté, les prix de vente ont eu une marche fort différente. Ainsi, tandis que le prix moyen des grains dénonçait une baisse de 10 p. 100, avec une perte de récolte atteignant 25 p. 100, le prix des produits animaux s'était élevé dans la proportion des frais. La hausse a été de 70 à 80 p. 100 pour la viande grasse, de 100 p. 100 sur le bétail maigre; elle a doublé le prix des beurres.

Et, en effet, nous voyons la crise, intense dans les pays à cultures granifères et industrielles ; peu intense jusqu'ici, ou nulle, dans les pays à herbages et à bétail.

La production des animaux est actuellement plus avantageuse, relativement, que la production des grains. De là une solution qui s'impose : augmentation du bétail au dépens des grains.

Malheureusement, la chose est plus facile à dire qu'à faire, surtout dans les pays où le morcellement de la propriété a tout réduit à l'état de parcelles, souvent sans accès facile. Avec des cultivateurs appauvris, manquant d'instruction professionnelle suffisante, une transformation des cultures devient impossible, car elle ne se peut faire qu'avec beaucoup de tact et de grands frais. Et cependant, si on veut nourrir plus de bétail, il faut de toute nécessité augmenter les fourrages.

A qui demander cette augmentation ?

Les prairies naturelles permanentes sont limitées par la nature des choses : elles bordent les cours d'eau; on ne peut les établir partout : elles ont conservé leur prix. Les prairies de légumineuses, dites artificielles, ne viennent pas non plus partout. Il leur faut des sols spéciaux, et, dans les meilleures conditions, elles refusent de revenir fréquemment sur elles-mêmes.

Les prairies temporaires tiennent le milieu entre les prairies permanentes et les prairies artificielles. Elles sont formées par le mélange de deux ou plusieurs espèces de plantes de familles diverses fourragères. Par leur composition variable, elles se plient aux sols les plus variés, aux climats les plus différents, aux systèmes d'exploitation les plus divers.

Comparées aux prairies artificielles, les prairies temporaires ont la même durée, donnent un foin meilleur et plus abondant, avec un danger moindre de météorisation ; la pâture, par tous les animaux, en est meilleure : moins qu'elles, elles enrichissent le sol, laissant au profit des récoltes suivantes ce que Olivier de Serre appelait si bien *les vertus engraissantes*.

Comparées aux prairies permanentes, les prairies temporaires sont plus productives, leur foin est plus nutritif; elles élèvent la fertilité du sol et permettent au cultivateur de la réaliser en espèces sonnantes, par leur défrichement; par contre, elles nécessitent des frais de semences et des soins, sans conjurer tous les risques de mauvais semis.

Ces prairies temporaires, dont on parle beaucoup depuis quelque temps, ne sont point cependant choses nouvelles. Elles sont connues et pratiquées depuis plus de 50 ans, sous les climats humides et brumeux de l'Angleterre, de l'Écosse. Le Danemark base sur elles son industrie laitière. Dans nos pays à climats plus secs en été et en automne, des exemples heureux ont été donnés à Roville, par Mathieu de Dombasle, et à l'Institut agricole de Hohenheim (Wurtemberg). Enfin, M. Moll, à sa ferme de Lespinasse, en sol froid et battant, a eu de beaux succès.

Malgré ces exemples, la pratique des prairies temporaires n'est point entrée dans la masse, jusqu'à ces derniers temps. Il fallait la crise aiguë que nous traversons pour y rappeler l'attention des cultivateurs. Nous touchons, en effet, à une véritable révolution agricole; il faut s'y préparer et savoir en détourner les résultats ruineux. La prairie temporaire peut nous être une arme utile; elle limitera nos frais dans la limite du possible; elle économise la main - d'œuvre, si mauvaise souvent, si chère toujours; elle diminue les façons culturales et, du même coup, les mémoires fantastiques que nos fournisseurs nous offrent régulièrement à la Saint-Martin; elle diminue le nombre des bêtes de travail à l'entretien ruineux et d'usure rapide, permettant d'augmenter celui des bêtes de rente. C'est le grossissement des tas de fumier, tandis que la terre enherbée s'améliore d'elle-même; c'est donc, en fin de comptes, l'engraissement de la bourse, aujourd'hui si plate, du cultivateur.

Faisons donc des prairies temporaires partout où les conditions économiques le permettent.

Mais leur création exige des connaissances et une certaine expérience. Il faut bien connaître les plantes à qui l'on va s'adresser, et bien connaître surtout leurs qualités agricoles. Les propriétés botaniques sont connues, bien exposées dans les livres, mais ce qui nous importe surtout, ce sont les qualités agricoles, car d'elles dépendra le succès de nos prairies temporaires.

Depuis plus de 20 ans, j'ai beaucoup étudié toutes les plantes recommandées; j'en ai dû éliminer beaucoup. Il en reste un petit nombre, mais suffisant, et c'est le résultat de mes observations que je vais vous donner.

Elles se rangent dans deux seules familles :

1° Les légumineuses ; 2° les graminées.

Des légumineuses, je n'ai retenu que le trèfle rouge ordinaire, le trèfle hybride, le trèfle blanc et la minette. Quelquefois le sainfoin.

Dans les graminées, le ray-grass anglais, la fléole, le dactyle pelotonné, le ray-grass d'Italie, la houque laineuse, le fromental, l'agrostis vulgaire, les fétuques, le Vulpin des prés, le paturin des prés.

Les qualités agricoles que j'ai constatées sont celles-ci :

Trèfle rouge, des prés, violet : se sème dans une céréale. Il dure 18 mois, fournit deux coupes l'année qui a suivi la semaille, et périt ordinairement, en grande partie du moins, l'hiver suivant. C'est une plante fauchable, à tiges droites, qui fleurit dans la première quinzaine de juin. Il aime les sols profonds, frais, fertiles, réussit moins en terre blanche. Son caractère est de donner beaucoup un an et de disparaître.

Le trèfle blanc dure, au contraire ; qu'il soit vivace ou se sème de lui-même, il dure, fournit abondamment dès la première année. La première coupe peut quelquefois se faucher, mais ses tiges rampantes sont plus propres au pâturage. Il repousse constamment sous la dent, fleurit dès fin de mai, ne météorise pas et réussit partout.

Le trèfle hybride tient des deux précédents. Il dure trois ou quatre ans, donne une bonne coupe, fauchable la première année, qui vaut souvent les deux coupes du trèfle violet ; les secondes coupes doivent être pâturées. Il est tardif, fleurit fin juin, moins difficile que le trèfle rouge, supporte bien les terres froides argileuses, mais moins bien les argiles marneuses ou les calcaires secs. Il a une très forte odeur, son foin est fin, mais blanc. Donné en vert aux chevaux, il semble avoir eu l'effet de rendre jaunes les muqueuses de la bouche, car cet état anormal a cessé avec la nourriture.

La Lupuline se multiplie seule ; elle est précoce, fleurit seconde quinzaine de mai. Elle repousse toute l'année, forme un bon pâturage. Elle réussit bien dans les terres calcaires, les argiles marneuses saines, fait de bonnes jachères vertes.

Le Sainfoin est bien connu ; c'est un excellent fourrage, fournit de bon foin, donne une bonne première coupe dans les calcaires chauds, mélangé à des plantes hâtives.

Ray-grass anglais. — Donne une bonne coupe l'année qui suit le semis, fleurit dans la deuxième quinzaine de mai et continue à croître tard à l'automne. Il est persévérant, bien gazonnant dans les terres fraîches, qui lui conviennent. Il est moyennement goûté du bétail.

Fléole des prés. — Est vivace. Elle pousse lentement et n'occupe réellement le sol que la deuxième année après le semis. Elle donne un fourrage abondant et excellent malgré la couleur jaune et l'aspect grossier de son foin; tous les animaux la recherchent et prospèrent avec elle, bien que l'analyse chimique la montre pauvre en azote. Elle est vivace et occupe le même sol 8 à 10 ans. Elle réussit sur les sols froids, ferrugineux, où d'autres plantes ne viendront pas bien; elle aime moins les terres sèches, calcaires, et le voisinage des plantes de même famille. Au contraire le mélange avec des légumineuses lui est favorable. On l'associe aux trèfles hybride ou rouge, qui poussent sans s'occuper d'elle. Elle a l'avantage d'éloigner, dans ce pâturage, le danger de la météorisation. On sait, du reste, que le danger de la météorisation n'est pas considérable, et qu'une bouteille d'eau avec deux cuillerées d'ammoniaque, ingurgitée à l'animal météorisé, suffit ordinairement à le remettre en état.

La fléole seule ou en mélange est fort employée dans le nord-ouest de l'Ecosse, contrée pluvieuse, et nous avons vu se confirmer ce que l'on y dit d'elle, que si on connaissait bien la valeur de la fléole, il n'y aurait pas de terrain qui ne produisît une rente élevée.

Elle suit l'épiage du blé et fleurit 15 jours après. On peut la couper en fleur. C'est donc une plante tardive; sa deuxième coupe ne peut pas ordinairement être fauchée, mais la première est abondante. On peut dire qu'elle donne fort d'un coup; à l'arrière saison elle donne un bon pâturage. La caractéristique est donc de fournir quand les autres ont fini, et c'est une qualité précieuse.

Dactyle pelotonné. — Est vivace. Il occupe le sol dès la première année qui suit le semis. Il rend beaucoup en première et deuxième coupe, repousse bien sous la dent du bétail, vient partout et est recherché, malgré son aspect grossier. Il fleurit fin mai, c'est une plante précoce.

Ray-grass d'Italie. — Est vivace, très fourrager, mais moins rustique que le Ray-grass anglais. Il est très précoce, ses graines tombent aisément ; il repousse et remonte tout de suite après la fauchaison. C'est un inconvénient lorsqu'on l'associe, pour le fauchage, avec d'autres plantes qui ne remontent pas si vite. En effet, une partie des graines lève et devient envahissante, l'autre se conserve en terre et reparaît dans le défrichement. Il vaut donc mieux, après la première coupe, l'employer en pâture. Il se rouille assez facilement.

Houlque laineuse. — Aime surtout les terrains frais et donne alors de grands produits. Elle réussit un peu partout, pousse des touffes isolées, feuilles veloutées d'un vert particulier. Fleurit fin mai ou commencement de juin.

Fromental. — Vivace, vigoureux, occupe le sol dès la première année après le semis. C'est la plus grande des graminées. Dans les bons sols, avec des engrais suffisants, il donne deux bonnes coupes et un pâturage. Il fleurit fin mai. Ses graines tombent aisément. On doit le réserver surtout pour les prairies à faucher.

L'Agrostis vulgaire, qui occupe le sol aisément au bout de quelques années, donne peu de produit mais forme, avec le trèfle blanc, un bon pâturage de longue durée dans les sols frais.

Un grand inconvénient de cette plante, c'est que ses graines sont souvent mélangées avec celles de l'Agrostis traçante, véritable chiendent, dont on ne peut plus se débarrasser lors du défrichement. Le produit est toujours minime.

Le Vulpin des prés, les *Fétuques*, les *Paturins*, ne sont pratiques que pour les prairies de longue durée, ces plantes demandant, en effet, 2, 3 et 4 ans pour arriver à bien s'installer ; leurs graines sont chères. Les Fétuques sont tardives, le Vulpin, au contraire, est l'une des plus précoces. Elles peuvent toutes, une fois maîtresses du sol, donner d'assez bons produits et sont fauchables en première coupe. La Flouve odorante, si préconisée, n'a aucune valeur comme produit ; elle est seulement aromatique.

Pour mon compte, en raison des inconvénients que je viens de dire et qui me semblent sérieux, j'ai banni ces dernières plantes de la composition de mes prairies temporaires, me bornant aux premières décrites.

Les prairies temporaires sont toujours formées par l'association de plusieurs espèces de plantes ; quelles lois présideront à cette association ?

La composition variera évidemment suivant l'exploitation, et devra rester en relation avec le milieu, le sol, le climat et les débouchés, la durée que l'on veut assigner à la prairie dans l'assolement, enfin le prix des graines, qui peut varier de 20 fr. à 100 fr. de l'hectare.

Quel que soit le sol, les mélanges seront plus complexes pour les pâturages. Le bétail a besoin, en effet, de trouver toujours une nourriture suffisante et bien appropriée. Des plantes de même végétation, bonnes ou passées toutes en même temps, ne seraient réellement d'une bonne consommation qu'un moment ; un mélange de plantes hâtives et tardives offrira toujours une nourriture suffisante ; la diversité des espèces les rendra plus succulentes, plus attrayantes, excitera mieux l'appétit.

S'agit-il de prairies fauchables, le problème est tout autre ; la composition sera plus simple ; elle devra contenir des plantes de même végétation, afin d'obtenir en même temps la plus grande somme de matières nutritives.

Le produit de la prairie temporaire sera proportionnel à la fertilité du sol, à son état de culture, sa ténacité, sa facilité à s'enherber. Des sols pauvres, incapables de fournir des prés fauchables, pourront donner de bons pâturages, en réglant le nombre des animaux sur la production. La durée pourra alors être longue. Dans les sols ayant une grande aptitude à porter de fortes récoltes, la durée pourra être, au contraire, abrégée avantageusement.

Le climat a une grande influence sur la durée, la composition, l'état des prairies temporaires. Un climat pluvieux, doux ou froid, qui ralentit la végétation, maintient les plantes en croissance constante ; il est donc favorable aux pâturages. Un climat chaud, sec, active beaucoup la végétation au printemps et à l'automne ; les plantes arrivent vite à maturité, puis semblent s'arrêter pour reprendre plus tard ; mais il y a, dans ce temps d'arrêt, un grave inconvénient, puisque le cultivateur, s'il avait compté sur le pâturage, serait contraint de chercher une autre nourriture. Un tel climat est donc favorable à la confection de bons foins. Nous faisons, dans notre région, d'excellent foin, les Anglais en font de mauvais ; notre climat, ne l'oublions pas, malgré les années pluvieuses que nous traversons, notre climat est plutôt sec qu'humide ; il en faudra tenir compte dans l'établissement de nos prairies.

Enfin, le bétail destiné à vivre de pâturage doit être en poids proportionnel à la production qui lui est livrée. Une erreur dans ce sens est bien préjudiciable. Tel propriétaire qui, sur 130 hectares de pâtures avait mis 200 bœufs, s'est trouvé à court pendant une quinzaine. La nourriture qu'il a fallu apporter a mangé le plus net des bénéfices de l'opération. N'eût-il pas mieux valu mettre moins de bœufs et sécher ou ensiler ce qui serait resté ?

L'Écosse semble avoir la première donné l'exemple des prairies temporaires pratiquées en grand. Le climat, défavorable aux autres cultures, avait de nécessité fait vertu. Le climat est toujours pluvieux, froid, sans que les gelées soient fortes et de longue durée, très favorable par conséquent à la végétation herbacée ; le Nord-Est est relativement plus sec, le Nord-Ouest plus humide.

Dans le Nord-Est, la rotation était habituellement celle-ci : avoine, navets, blé, prairie temporaire deux ans, et ainsi de suite ; assolement de cinq ans. La prairie était formée de 12 kil. de trèfle rouge et 20 kil. de Ray-grass. Des expériences faites ayant démontré que ce mélange n'était pas assez nourrissant, la composition a été modifiée : on prend 3 kil. de trèfle rouge, hybride et blanc, minette, soit 12 kil. de légumineuses, 20 kil. de Ray-grass, moitié italien et anglais, 2 kil. de Fléole et 2 kil. de Dactyle pelotonné. Le pâturage est ainsi bien meilleur. Les Écossais y ajoutent même, sans doute à titre de condiment, un peu de Plantain lancéolé et 800 gr. de persil commun.

Dans le Nord-Ouest, contrée pluvieuse, les navets donnent peu ; le blé ne couvre pas ses frais. Les cultures se restreignent et la prairie temporaire gagne en importance et durée. On ne fauche plus, l'herbe croît constamment mais lentement ; il faut s'en tenir aux pâturages et leur durée se prolonge jusqu'à 4, 5 et 6 ans. Le mélange se borne ordinairement à ceci : 3 kil. de Trèfle hybride, 15 kil. de Fléole.

La préparation de graine est plus du double de ce qui est nécessaire pour 1 hectare à faucher. Elle trouve sa raison d'être, cependant, dans le fait du pâturage, qui éloigne tout inconvénient de verse. Les plantes levées drues montent lentement mais constammont, et le bétail les trouve toujours sous une forme utile.

Le Danemark prend rang après l'Ecosse dans l'usage des prairies temporaires. Son climat se rapproche de celui du Nord-Est de l'Ecosse, sa partie sèche, aussi les prairie occupent-elles une durée assez courte, deux ans, dans l'assolement. On fauche la première coupe, qui peut donner 3,000 à 4,000 kil., puis on fait pâturer. La deuxième année, les deux coupes sont pâturées et nourrissent le même nombre de têtes que la première coupe de la première année.

Ce sont les vaches laitières, sur lesquelles repose l'industrie animale du Danemark, qui consomment ces prairies. Elles sont généralement composées de : Trèfle rouge, 6 kil. ; hybride, 3 kil. ; blanc, 2 kil. ; Ray-grass anglais, 10 kil. ; italien, 5 kil. 800 ; Fléole, 2 kil.

A l'Institut agricole de Hohenheim (Wurtemberg), sur des terres froides et blanches, la rotation est ordinairement celle-ci : jachère, colza, deux années de fourrages, avoine, pois, blé et deux années de fourrages.

Le mélange des fourrages est composé de : 10 kil. Trèfle rouge ; 15 kil. Ray-grass anglais; 9 kil. Ray-grass italien ; 3 kil. Fléole et 4 kil. 500 Dactyle, pour les deux premières années ; pour la fin de la rotation, on a trouvé utile de modifier un peu la formule ainsi : 3 kil. Trèfle hybride ; 4 kil. 500 Trèfle blanc; 4 kil. 500 Minette; 15 kil. Ray-grass anglais; 9 kil. Ray-grass italien ; 3 kil. Fléole et 4 kil. 500 de Dactyle. On veut ainsi, en variant les espèces de Trèfles, échapper à la difficulté qui se présente ordinairement lorsque l'on veut faire revenir cette plante trop souvent sur le même sol. Les premières coupes de chaque sorte se font en foin, la deuxième coupe et toutes celles de deuxième année sont livrées au pâturage. Les premières sont estimées à 3.000 kil. de foin, et le pâturage de deuxième année peut entretenir 800 kil. de poids vif de moutons d'un troupeau d'élevage, dont les animaux pèsent en moyenne 30 kilos vif l'un.

Dans les sables graveleux et secs de la plaine de Roville, Mathieu de Dombasle, dès 1825, créait des prairies d'une durée e 4 à 5 ans pour son troupeau de mérinos. Le mélange était de :

20 kil. Ray-grass anglais, 5 kil. Dactyle, 5 kil. de Trèfle blanc. 5 kil. Minette et 2 kil. 500 Trèfle rouge.

M. Roland, à l'École d'agriculture de Saint-Bon (Haute-Marne), emploie le même mélange avec un grand succès, bien que ses terres calcaires soient de composition toute différente des précédentes. L'état physique se rapprochant beaucoup, le même mélange réussit ; l'état physique du sol et le climat sont, en effet, les deux facteurs principaux à observer dans l'établissement des prairies.

Le rapport de M. Houdaille de Railly à la Société des Agriculteurs de France, en 1880, fournit de précieux renseignements sur ce sujet. « Dans la Nièvre, nous dit-il, d'après M. Tiersonnier, en terre argilo-siliceuse, les prairies temporaires sont closes. On sème, dans une avoine, 10 kilos de Trèfle blanc et les balayures des greniers : c'est tout. Une foule de plantes indigènes se mêlent au semis, l'engazonnement est complet, dure de huit à dix ans et se trouve pâturé par un poids croissant de 400 à 900 kilos, ce qui prouve l'amélioration du sol. Quand la prairie s'acidifie on la retourne. Elle n'a jamais été autrement fumée que par le bétail qu'elle porte, et elle fournit quatre récoltes de céréales, également sans engrais : une avoine, deux blés avec chaulage et une dernière avoine dans laquelle se fait un nouveau semis. Les terres s'améliorent rapidement et la location d'une terre ainsi aménagée se fait facilement au prix de 80 à 100 fr. »

Cet exemple d'engazonnement pourrait souvent être imité. Qui n'a vu des champs mal tenus, envahis par l'Agrostis stolonifère ; c'est une plaie de la culture des céréales, on ne peut s'en défaire ; il suffirait de quelques kilos de Trèfle blanc pour en faire une pâture d'une certaine valeur : 12 kilos, dans la céréale de printemps, seraient une proportion convenable.

Les Américains, qui nous font une si rude concurrence, commencent à ressentir, dans certaines parties, les maux dont nous souffrons. Les terres anciennement cultivées, dans les Etats peuplés et civilisés de l'Est, éprouvent comme nous les effets de la concurrence du Far-West. La production des céréales n'y est plus rémunératrice et, comme nous, ils demandent à la production herbagère le revenu qu'ils ont perdu. M. Grosjean, élève diplômé de l'Institut national agronomique, en mission d'études en Amérique, a publié, dans le *Bulletin du ministère de l'agriculture*, une étude fort intéressante sur ces transformations. Les six exemples décrits par lui sont pris dans l'Etat de New-York.

Les prairies temporaires, le plus souvent pâturées, occupent les neuf dixièmes de la culture. On les sème dans une céréale qui suit une plante sarclée, et celle-ci est venue elle-même sur défrichement. Elles sont de deux sortes, précoces et tardives, afin de répartir sur un plus long temps les travaux de la fenaison.

Le mélange employé pour prairies précoces est celui-ci : Dactyle, 31 kil.; Pâturin des prés, 13 kil.; Fétuque ovine, 13 kil.; Trèfle des prés dit précoce, 9 kil.

Le mélange pour prairies tardives est de : Fléole, 22 kil.; Agrostis vulgaire, 11 kil.; Fétuque élevée, 13 kil.; Trèfle des prés dit tardif, 16 kil.

Une fumure de fumier de ferme, appliquée tous les deux ou trois ans, entretient la production.

On pourrait également et plus simplement arriver au même résultat, en donnant, aux deux mélanges, la même proportion de Trèfle rouge, soit 9 kil., et mettant dans le mélange pour prairies précoces 50 kil. de Dactyle, remplacés par 16 à 20 kil. de Fléole pour prairie tardive.

On remarquera que la graine est ici répandue avec prodigalité; c'est le double de ce que nous employons et, même en Amérique, ces doses doivent paraître exagérées.

Sans aller en Amérique, nous avons autour de nous de nombreux exemples et de belles réussites. J'ai cité l'école de Saint-Bon; tout le monde connait celle des Merchimes, dirigée si brillamment par l'honorable M. Millon. Il me reste à dire ce que j'ai fait moi-même, dans mon exploitation en sol de grès argileux, froid, à sous-sol imperméable. Le drainage et le chaulage ont d'abord été appliqués, puis j'ai fait des prairies destinées surtout au fauchage, en mélangeant 12 à 15 kilos de Trèfle rouge et 5 kilos de Fléole des prés; ou bien 8 kilos de Trèfle hybride et 5 kilos de Fléole.

Ces deux mélanges ont pour but de ne pas ramener le même Trèfle si souvent sur le même sol; puis, le deuxième est plus tardif que le premier, ce qui facilite les travaux de fenaison. Lorsque je coupe le premier mélange, le Trèfle rouge, plus hâtif, est fleuri, le Fléole épie. A la fauchaison du second, le mélange est parfait, les deux plantes, huit à dix jours plus tard, sont en pleine floraison. J'ai ainsi obtenu souvent en première coupe, 6, 7 et même 10.000 kilos de foin par hectare, soit en première, soit en seconde année. D'autres mélanges plus complexes m'ont moins bien réussi.

Il serait encore intéressant de pouvoir dire quelle quantité de bétail des prairies temporaires ainsi faites pourraient nourrir ; malheureusement les données sont si variables qu'une généralisation, si prudente fût-elle, risquerait encore d'induire en erreur. On connaît les magnifiques résultats de M. Millon, aux Merchimes, en 1879 ; ils sont consignés dans le *Journal d'agriculture pratique*. L'année 1879, il ne faut pas l'oublier, a été humide. La poussée de l'herbe a été constante, c'est une année exceptionnelle. M. Fagot a rendu compte, dans le même journal, d'une expérience faite par lui sur une pièce de 11 hectares, dans les Ardennes. La prairie avait été semée dans une avoine, en 1882. En 1883, la pièce a été entourée de fils de fer, et des bêtes d'élevage et d'engrais y furent placées. La production a été de 200 kilos de poids net par hectare. Le poids de bétail nourri toute l'année sur la même étendue étant de 700 kilos poids net.

Je regrette que notre collègue, M. Brichard, agriculteur à La Loubert, près Saint-Dizier (Haute-Marne), qui a créé de très beaux herbages, ne soit pas présent ici, comme nous l'avions espéré ; il eût pu vous donner, sur le pâturage, le résultat de sa grande expérience. Je dois conclure en invitant tous les cultivateurs à essayer méthodiquement et non au hasard. Les plaintes les plus éloquentes ne nous tireront pas du mauvais pas où nous nous débattons, et n'écarteront pas de notre route la révolution agricole qui ne fait que commencer. Pour l'instant, l'industrie du bétail, l'industrie herbagère, semblent, sur bien des points, être un moyen pratique ; il faut s'y engager en marchant méthodiquement, guidé par les expériences qui nous ont précédés. La transformation ne se fera pas sans frais, il y faudra des capitaux, variables suivant les cas, mais toujours assez considérables. Les uns regardent évidemment le cultivateur ; d'autres incombent au propriétaire. Lorsque les deux s'unissent dans la même personne, tout va de soi ; autrement, il est à désirer que le propriétaire comprenne bien sa mission. Son intérêt l'y invite, car ce sera le moyen de parer à une baisse trop grande des fermages, accusant une baisse égale du capital foncier.

M. Paul Genay s'assied au milieu des applaudissements unanimes de l'assemblée.

M. de Felcourt, président, remercie M. Paul Genay de la conférence si intéressante, pratique et sûre, qu'il vient de donner. Il regrette avec lui l'absence de M. Brichard et, puisque personne ne demande la parole, sur un sujet qui vient d'ailleurs d'être si complètement traité, il prie M. Genay de vouloir bien entretenir l'assemblée des essais d'engrais chimiques.

M. Paul Genay craindrait de fatiguer l'attention de ses collègues. Les faits d'expériences, au sujet d'engrais chimiques, ont une valeur toute locale. Il signalera cependant une observation qui peut avoir un intérêt plus général.

Comme beaucoup de cultivateurs, sans doute, j'ai longtemps appliqué les engrais chimiques solubles en couverture ; l'eau, dans notre pensée, était chargée de porter aux racines les éléments fertilisants. Or, vers 1880, M. Derôme, de Bavay, a fait connaître une longue série d'expériences d'où il résulte que l'enfouissement des engrais à la charrue, tant pour la récolte présente que pour les suivantes, était beaucoup préférable à la mise en couverture de ces mêmes engrais. Je me suis inspiré de ces études et, pour la première fois, j'ai obtenu un effet remarquable de l'application des phosphates.

Jusque-là, avec les applications en couverture au printemps, la potasse, à l'état de chlorure, avait un effet nul, sinon nuisible ; l'acide phosphorique, sous forme de superphosphate, semblait presque sans effet ; le nitrate de soude seul donnait des résultats. Sur cette même pièce, où les pommes de terre m'avaient fourni des résultats caractéristiques, j'ai semé de l'avoine en 1882. Cette avoine leva mal, fut claire et donna un grain léger partout, sauf sur les deux parcelles où, en 1881, j'avais fait l'essai de l'acide phosphorique. Ces parcelles contrastaient avec le reste, leur levée était bonne et la maturité fut régulière.

J'ai défriché quelquefois des prairies temporaires. Les céréales faites sur le gazon rompu ne m'avaient jamais réussi ; le grain était léger, la paille cassante, de mauvaise couleur, la levée toujours irrégulière. J'ai fait l'expérience sur défrichement, en répandant 200 à 300 kilos de phosphate précipité, avant de rompre, avec 100 kilos de potasse, sous forme de chlorure de potasse à l'hectare, puis j'ai semé de l'avoine et du seigle.

En ce moment, les pommes de terre ne sont pas levées, mais le seigle et l'avoine, sur les parcelles qui ont reçu le mélange de phosphate et de potasse, ont un avantage herbacé considérable. Les lots sur lesquels potasse et phosphate ont été semés séparément se distinguent à peine des témoins. Tous les engrais ont été enfouis par un labour à 0 m. 20 c. de profondeur.

M. de Felcourt, président, remercie de nouveau M. Paul Genay de ses communications si utiles, religieusement écoutées, et il lève la séance.

NOTE. — D'après une note que M. Paul Genay a bien voulu nous adresser pour ce compte-rendu, les résultats de l'expérience ont confirmé ses espérances. Les voici :

Pour le seigle-témoin, grain, 2,050 k.	Avec engrais,	2,550 k.
id.	paille, 4,450 k.	id.	5,685 k.
Pour l'avoine-témoin, grain, 2,260 k.	id.	2,800 k.
id.	paille, 2,700 k.	id.	3,650 k.
Pommes de terre témoin, 16,400 k.	id.	22,500 k.

NOTE DE M. BRICHARD

Président du Comice agricole de Saint-Dizier (Haute-Marne).

M. Brichard, empêché d'assister à cette dernière séance du Congrès, a bien voulu nous communiquer la note suivante sur la création des pâturages dans nos contrées :

« On peut prendre comme principe que tous les genres de terrains conviennent à ce mode d'exploitation. Les terres fortes, fertiles, profondes, conservant toute l'année un certain degré d'humidité, peuvent être converties en prairies permanentes. Les sols secs, faciles à cultiver, peu profonds, etc., peuvent être convertis en pâturages temporaires, suffisants pendant un ou deux ans pour les bêtes à cornes, ou tout au moins pour les moutons.

« La création est des plus simple. Le point essentiel est de ne
semer qu'en terre parfaitement ameublie et surtout exempte de
plantes à racines traçantes : chiendent, agrostis, etc. Quelquefois
il arrive qu'en même temps que la jeune herbe commence à
germer, on se trouve envahi par une levée effrayante de scné. Un
coup de faulx en a facilement raison. Le moyen le plus économique est de semer dans une céréale succédant à une récolte
sarclée.

« Sur trente-deux hectares de pâturages, j'en ai semé dix
dans ces conditions, et j'ai aussi bien réussi que pour les vingt-
deux premiers semés en terre nue après jachère. Les deux
plantes les plus recommandables (du moins chez moi), sont le
Ray-grass anglais et le Trèfle blanc. Leurs principaux avantages
sont la précocité d'abord, et ensuite la faculté de repousser
indéfiniment sous la dent du bétail, et de résister au piétinement
qui, loin de leur nuire, les fait taller davantage. Dans le début, je
semais les deux plantes seules, à raison de 50 kilos de Ray-grass
anglais et 10 kilos de Trèfle blanc par hectare. Depuis, j'ai réduit
la quantité de Ray-grass anglais pour y ajouter d'autres variétés.
Voici le mélange qui m'a le mieux réussi :

« Trèfle blanc, 10 kil. ; Trèfle filiforme, 2 kil. ; Ray-grass
anglais, 25 kil. ; Fléole, 1 kil. ; Avoine élevée, 5 kil. ; Dactyle
pelotonné, 5 kil. ; Houlque laineuse, 5 kil. ; Fétuque, 5 kil.

« Le prix varie chaque année. Le mélange a varié comme
prix de 40 fr. à 60 fr. en dix ans de temps. La semaille demande
à être faite avec précaution. J'ai toujours semé en deux et
trois fois les graines de densités différentes. Les Trèfles et la
Fléole ensemble, les autres graines mélangées, et semées dans
les deux sens, longueur et largeur, de façon à avoir un semis
bien régulier. Pour recouvrir, je me suis on ne peut mieux trouvé
du râteau à cheval passé deux fois de suite. Vu la grande largeur
et le faible poids de cet instrument, c'est un moyen très économique. On peut, dans une demi-journée, faire plusieurs
hectares. Un coup de rouleau par dessus, et la levée a lieu en
quinze jours ou trois semaines, selon la température.

« *Clôture*. — Il existe beaucoup de genres de clôtures, haies,
landrages, etc. Je ne me suis jamais servi que des clôtures des
plus économiques, c'est-à-dire de ronces artificielles maintenues
par des piquets distants les uns des autres de trois mètres. Ces

piquets sont aiguisés par le gros bout et ont 1 m. 60 c. de long et
0 m. 18 c. de tour au petit bout. Ils sont enfoncés de 0 m. 50 c.
en terre et dépassent, par conséquent, de 1 m. 10 c. Ils sont en
acacia, aulnelle et chêne. Les acacias me reviennent à 16 fr. le
stère rendu; ils ont l'inconvénient de se fendre quand on les
enfonce avec la masse. Pour obvier à cet inconvénient, il ne faut
pas frapper directement sur le piquet, mais sur un morceau de
bois qui amortit le coup. Les aulnelles fendues et écorcées,
employées lorsqu'elles sont bien sèches, durent trois ans et
coûtent beaucoup moins cher. Le chêne dure un peu plus, quand
il provient de morceaux fendus et ayant peu d'aubier. On peut
compter que les piquets fabriqués et prêts à être employés
reviennent à 0 fr. 15 c. pièce environ. Comme ils sont espacés
de trois mètres, c'est une dépense de 0 fr. 05 c. par mètre
courant. Ces piquets soutiennent deux ronces artificielles écartées
de 0 m. 40 c. La première se trouve donc à 0 m. 40 c. du sol, la
deuxième à 1 m. Il y a quelques années, le mètre de clôture
revenait à 0 fr. 50 c. environ. Actuellement, vu le bon marché
de la ronce artificielle, le mètre ne revient guère qu'à 0 fr. 25 c.,
pose comprise.

Je lâche tous les ans mon bétail, à l'herbe, dans les premiers
jours d'avril; il y vit jusqu'à la fin d'octobre ou les premiers
jours de novembre, selon que les froids et les pluies arrivent plus
ou moins tôt. Avec la première herbe, les animaux engraissent
très rapidement et sont vendus fin juin ou juillet au plus tard.
La deuxième herbe est beaucoup moins riche, aussi je la fais
consommer par de jeunes bêtes de croît ou par des vaches que
l'on achève ensuite à l'écurie.

« Une remarque que j'ai eu occasion de faire bien des fois,
c'est que les pâturages de création récente sont beaucoup plus
productifs les deux premières années que celles qui suivent, à
moins que l'on n'y supplée par une demi-fumure en couverture
ou mieux par 200 kilos de nitrate de soude et 300 kilos de
superphosphate à l'hectare. Après cette feinte, l'herbage reprend
sa vigueur. J'avais été prévenu de ce fait par des herbagers du
Nord, qui prétendent que, pour faire un herbage, il faut dix
ans, et qu'au bout de vingt ans il est encore meilleur. »

M. *de Felcourt*, en ouvrant la séance, remercie M. Teissonnière, secrétaire général de la Société des Agriculteurs de France, d'avoir bien voulu venir donner une preuve manifeste de l'intérêt que la grande Société portait à l'œuvre du Congrès, et il l'invite à prendre la présidence de cette dernière réunion où doivent être votés les vœux et proclamées les récompenses accordées à l'occasion du Concours régional.

M. *Teissonnière* se récuse ; il regrette qu'un concours de circonstances imprévues ait empêché ses collègues de la délégation de venir assister au Congrès. Plus heureux qu'eux, il a pu se dégager et s'est empressé d'accourir ; il s'en félicite. Mais il ne serait pas juste qu'il vînt prendre, au dernier moment, une place jusque-là si bien occupée : M. de Felcourt a été à la peine, il doit être à l'honneur, et après avoir présidé avec tant de distinction des débats importants, avoir le plaisir de proclamer le nom des lauréats.

M. *de Felcourt* prend place au fauteuil et donne lecture des vœux remis. Le vote devait avoir lieu sans discussion. Plusieurs sont étrangers aux travaux du Congrès, d'autres ne sont pas de sa compétence et ont trouvé place dans la réunion officielle des délégués des Comices.

Après un échange d'observations, le Congrès a émis les vœux suivants :

PREMIER VŒU

Le Congrès des agriculteurs de la région du Nord-Est émet le vœu que les traités de commerce ne soient pas renouvelés ;

Qu'un droit de 5 francs par quintal de blé, un droit proportionnel sur tous les produits agricoles, non compris dans les traités existants, soient inscrits dès maintenant au tarif général des douanes :

Que le Gouvernement fasse établir le prix de revient du blé aux Indes et en Amérique par ses Consuls, et publie les rapports qui lui seront adressés.

DEUXIÈME VŒU

Le Congrès des agriculteurs de la région du Nord-Est émet le vœu que les droits à percevoir sur les alcools ou sucres destinés au vinage soient ainsi fixés : à 25 francs par hectolitre d'alcool, à 10 francs par quintal de sucre.

TROISIÈME VŒU

Le Congrès des agriculteurs de la région du Nord-Est émet le vœu qu'à l'instar de ce qui se passe en Allemagne, pendant la belle saison et au moment des grands travaux des champs, les enfants, qui satisfont le matin à l'obligation scolaire, soient rendus l'après-midi à leurs parents pour apprendre d'eux leur état et rendre les services que comporte leur âge.

QUATRIÈME VŒU

Le Congrès des agriculteurs de la région du Nord-Est émet le vœu :

1° Que le projet présenté par le Gouvernement sur les Chambres consultatives de l'agriculture soit voté le plus tôt possible ;

2° Que le projet soit modifié cependant en ce sens que la loi à intervenir reproduise les dispositions de la loi de 1851 sur les Chambres départementales et le Conseil général central d'agriculture.

M. Mérendet, président du Comice d'Épernay, se charge de faire parvenir à qui de droit les vœux qui viennent d'être émis.

M. de Felcourt, président, constate que le programme du Congrès a été fidèlement rempli et que l'ère des discussions est close. Il lui reste, pour épuiser l'ordre du jour, une tâche très douce, celle de proclamer les noms de ceux à qui ont été attribuées les récompenses de la Société des Agriculteurs de France. Bannie de la tribune officielle, cette proclamation perd en solennité ; elle devient une véritable fête de famille, et ce qu'elle gagne ainsi en franche et sincère intimité paraîtra sans doute, à ceux qui en sont l'objet, une compensation suffisante.

Diplôme d'honneur à la Société d'horticulture d'Épernay. Cette Société, présidée par M. Gaston Chandon de Briailles, compte plus de 2,000 Membres. Son exposition est merveilleuse. Elle est affiliée à la Société des Agriculteurs de France, et a donné au Congrés, pour ses séances, la plus gracieuse hospitalité.

Les acclamations qui ont accompagné hier le vote de cette distinction ne permettent pas à M. Chandon de Briailles de douter des sympathies qu'il a inspirées.

Objet d'art. — M. Ponsard, président du Comice central de la Marne, pour son exposition et les améliorations qu'il a introduites dans les cultures.

M. le Président se dit heureux de remettre à M. Ponsard, l'objet d'art qu'il a si bien mérité. Sa vie entière a été consacrée à la propagation de toutes les idées de progrès agricole ; aussi la Société des Agriculteurs de France est-elle sûre de pouvoir récompenser un dévouement constant à la cause de l'agriculture.

Voici ses états de services : En 1849, il importe le premier bateau de fumier de Lorraine pour le fumage des terres crayeuses. Le commerce des fumiers a pris depuis une énorme extension.

En 1852, il trouve le procédé de destruction de la cuscute par le sulfate de fer, procédé déclaré le meilleur par M. Heuzé, en séance de la Société nationale d'Agriculture, en 1883.

En 1856, il importe la première faucheuse et la première moissonneuse dans le département.

Successivement il importe des Durham, des Ayrs.

En 1860, il crée les premières prairies sèches en terre crayeuse. A la même époque, il trouve le procédé de destruction du puceron Lanigère, de la Cloque, etc., par le sulfure de potasse.

En 1861, il irrigue 10 hectares de prés naturels, continue l'essai des blés étrangers, orges et avoines de diverses provenances.

De 1849 à 1861, il remporte 100 médailles dans les Concours régionaux ; puis, nommé Membre des Jurys, il renonce à concourir.

En 1872, il crée la Caisse des Blés de semence pour le département.

En 1873, il importe le maïs géant.

De 1861 à 1874, Membre des Jurys des concours de l'Etat. Continue l'importation des instruments perfectionnés et leur propagation dans le département.

En 1879, il achète la moissonneuse-lieuse à fil de fer,

En 1880, il l'échange contre la Wood à ficelle et fait des moissons, chaque année, avec cet admirable instrument.

En 1876, il fonde la Caisse de secours contre la grêle dans le département.

Président du Comice de Châlons depuis 1850, et du Comice départemental depuis 1864.

Membre fondateur de la Société des Agriculteurs de France, De la Société d'acclimatation.

Membre correspondant de la Société nationale d'agriculture depuis 1853.

Médaille d'or. — M. Ch. Lhotelain, pour son exposition particulière qu'il avait mise hors concours. M. Ch. Lhotelain est, depuis plus de vingt ans, secrétaire général ou président de l'important Comice de Reims, qu'il dirige avec le plus entier dévouement.

Médaille d'argent. — M. Sauvage, professeur d'agriculture de la Haute-Marne, pour services éminents rendus comme professeur départemental. C'est un vrai savant, fort écouté des plus habiles praticiens.

Médaille d'argent. — Mᵐᵉ veuve Gourguillon, pour sa belle collection d'instruments agricoles.

Médaille d'argent. — M. Mabille, pour ses instruments.

Médaille de bronze. — M. Guillemin, instituteur à Pré-sous-la-Fauche, pour son *Atlas de bornage*.

Médaille de bronze. — M. Ballot, vice-président du Comice de Reims, pour son élevage de chevaux.

Médaille de bronze. — M. Bournon, pour l'excellente direction d'un lot de vignes qui lui est confié depuis plus de quinze ans.

Mention honorable. — La Société des Sciences et Arts de Vitry-le-François, pour son superbe herbier.

Après quelques paroles chaleureuses vivement applaudies, M. de Felcourt, président, déclare la session du Congrès close, et donne rendez-vous, pour une dernière réunion, au banquet du soir.

Le soir, à sept heures, les Membres du Congrès, les Membres des divers Jurys de la Société d'horticulture se pressaient au nombre de 120 environ, autour d'une table magnifiquement servie. L'agriculture était chez elle, le repas fut gai.

L'heure des toasts étant sonnée, M. Julien de Felcourt, président du Congrès, se leva, et prononça l'allocution que voici :

« Messieurs,

« Je croirais manquer à un devoir de reconnaissance qui, pour moi, est un besoin de cœur, si je ne venais, au nom de la Société des Agriculteurs de France, vous proposer un toast au Comice d'Epernay, à la Société d'horticulture et à la Commission d'organisation du Congrès. C'est à ces hommes dévoués autant que modestes, dont le nom est sur toutes les lèvres, que revient l'honneur de la réussite exceptionnelle de cette réunion si nombreuse, où se sont discutées, avec une compétence et une autorité peu communes, des questions vitales pour notre agriculture nationale. Parmi les enseignements que nous avons pu recueillir dans le cours de nos délibérations, il en est un qui ne doit pas nous échapper, c'est la puissance de l'initiative privée lorsque des hommes intelligents et énergiques savent la diriger. En effet, vous avez tous admiré le local où se sont tenues nos séances, cette magnifique exposition horticole, qui attire et charme tous les regards ; n'est-ce pas l'initiative privée qui a créé toutes ces belles choses et, à ce titre, nous, Société des Agriculteurs de France, qui nous enorgueillissons à bon droit de la même origine, n'avons-nous pas le devoir de tendre une main amie à cette Société horticole, à cette jeune sœur, qui va grandissant chaque jour ?

« Voilà, comme je vous le disais tout à l'heure, un exemple précieux ; il nous prouve que, malgré bien des obstacles, malgré souvent quelques mécomptes inhérents à toutes les entreprises humaines, nous pouvons néanmoins nous écrier comme Galilée, lorsqu'on niait devant lui le mouvement de la terre : « Et pourtant elle tourne ! » Oui elle tourne, notre Société, c'est-à-dire elle avance, lentement mais sûrement, comme ces attelages vigoureux qui, d'un pas tranquille, creusent le sillon où l'on va jeter la semence féconde ; à vous, Messieurs, de la faire germer, c'est-à-dire de propager les saines doctrines du progrès agricole, grâce auxquelles l'agriculture française pourra soutenir la lutte pour la vie ou la mort dans laquelle elle est engagée en ce moment.

« Messieurs, à la Ville d'Epernay, à la Société d'horticulture, à la Commission d'organisation du Congrès ! »

A ce toast fort applaudi, d'autres succédèrent, puis les premières fusées du feu d'artifice donnèrent le signal du départ.

ÉPILOGUE

Le Congrès d'Épernay, dont le présent compte-rendu a voulu être un écho fidèle, se recommandera comme un acte de ferme initiative. En face de difficultés prévues, on s'est souvenu du *Maître du Champ*, de notre grand Fabuliste :

> « ..... Notre erreur est extrême,
> — Dit-il, — « De nous attendre à d'autres gens qu'à nous ;
> « Il n'est meilleur ami ni parent que soi-même,
> « Retenez bien cela mon fils. Et savez-vous
> « Ce qu'il faut faire ? Il faut qu'avec notre famille
> « Nous prenions, dès demain, chacun une faucille ;
> « C'est là notre plus court..... »

Fils de la grande famille agricole, il n'est que temps ; prêtons-nous les mains, c'est là notre plus court, assurés que tout pliera et que les sentiers seront droits quand l'agriculture voudra !

TABLE DES MATIÈRES